心理研究3

薄紅硬學——

英雄應對厚黑學說不

劉尚東 著

博客思出版社

序言

每個人內心都有一個英雄夢，渴望做一個建功立業的英雄，因此都渴望得到英雄成功的秘訣。

民國一九一二年，四川有一位奇人李宗吾，發表了一篇文章《厚黑學》，寫道：我長期尋求英雄豪傑成功的原因，都沒發現。有一天偶然閱讀《三國志》後恍然大悟，古之成大事者，不外乎面厚心黑而已。曹操心最黑，劉備臉最厚，孫權心半黑臉半厚。

厚黑學的觀點立即引起輿論譁然，有讚賞的，有批判的。上世紀八十年代，厚黑學又風靡一時，影響海外。百年過去，時至今日，厚黑學仍然影響著人們思想，褒貶不一，毀譽參半，爭論不休。

這種長期和激烈的爭論本身就充分說明，李宗吾的厚黑學既有非常正確的部分，也有非常錯誤的部分。如果完全錯誤，開始就不會引起人們關注，更不會有爭論；如果完全正確，到現在應該停止爭論了。於是，我提出與厚黑學相反相聯的新學說——薄紅硬學。

所謂薄紅硬學是指，英雄在內在目的上堅持薄臉裡子紅心腸，即自愛心和博愛心，從而在多數情況下主要採用薄臉皮紅手腕的方法；同時，英雄堅持硬臉裡子硬心腸，從而在特殊情況下偶爾使用厚臉皮黑手腕的方法；無論是薄紅方法還是厚黑方法，其目的都是為保障薄紅硬之目的，整體行為非常有利於全社會，因此被尊稱為英雄。

英雄往往是優秀的政治家或軍事家，具有強大的事業心，做出極大的政治或軍事成就，得到社會崇拜。另外，商場如官場如戰場，一個企業家駕馭大企業如同一個政治家駕馭國家一樣不簡單，也需要非凡的志向、膽略與謀略，統帥精英下屬，挫敗競爭對手，拉攏廣大客戶，最終獲得巨大財富，贏得社會尊崇，也是人們心目中的英雄偶像。

無論是政治家、軍事家還是企業家，要完成自己的事業，一方面要會做事，另一方面要會做人處世，後者特別重要。因為，政治、軍事和企業的行為本身就有較大部分內容屬於做人處世。而且，英雄做的事業都是巨大的活動，單靠個人努力是無法成功的，必須依靠許多精英和無數凡人的合力推動，這就需要英雄善於協調人際關係，管住人，就會管住事。

對此現象，李宗吾看到了，並且從英雄豪傑的繁雜行為方式中，提出厚面黑心這個觀點，從而抓住做人處世的統帥性問題——人類特有的自愛需求和博愛需求問題，殊為不易。

但是，李宗吾把英雄成功的秘訣歸結為厚面黑心，這顯然偏頗。如果成功如此簡單，那麼每個土匪都可以當英雄了。一個簡單的人混社會做工作都難，何況闖社會幹事業呢。李宗吾的錯誤在哪裡呢？科學分析，在於沒有把需求目的和方法手段區分開，雙方糾纏裹挾，混為一談。

中國文化傳統把自愛比喻為臉面，有自愛稱為臉皮薄、要面子，拋棄自愛或者過分抬高自愛稱為臉皮厚、不要臉；把博愛比喻為心腸，有博愛稱為紅心腸、熱心腸，沒博愛心稱為黑心腸、冷心腸。這些比喻沒有從需求和方法的角度加以區分，顯得糾纏混亂。因此，我做出如下界定。

我規定：臉皮比喻為自愛的方法方面，正面的稱為薄臉皮，反面的稱為厚臉皮；與之差別，自愛在需求方面即自愛心，就比喻為所謂的「臉裡子」，即臉皮之下的部位，也有厚薄之分，正面的自愛心稱為薄臉裡子，反面的自愛心稱為厚臉裡子。

心腸比喻為博愛的需求方面即博愛心，正面的稱為紅心腸，反面的稱為黑心腸；與之差別，博愛的方法比喻為手腕，也有紅黑之分，正面的稱為紅手腕，反面的稱為黑手腕。綜合起來，需求上自愛博愛，就稱為薄紅需求；反之，需求上卑賤惡劣，就稱為厚黑需求；方法上自愛博愛，就稱為薄紅方法；反之，方法上卑賤惡劣，就稱為厚黑方法。

另外，人的自愛心和博愛心不僅存在程度，而且存在一種事物——狀態之硬度。心態硬，在遭受各種非常規情緒刺激時，仍然會堅持內心的需求和意志不動搖。普通人的心態也會硬一點。例如，有的家長會逼迫孩子放棄對網路的沉迷，不惜責罵和毆打之，這絕非不愛自己孩子，恰恰是愛之深恨之切。英雄的心態會更加堅硬。韓信會選擇胯下之辱，這體現的是小不忍則亂大謀的意志，絕非缺乏自尊心，而是自尊心非常堅硬，不會被巨大的恥辱所摧毀。

古今中外的事實證明，每個真正的英雄都是大君子，具有高度的自愛心和博愛心，都是薄臉裡子紅心腸，同時也都是硬臉裡子硬心腸，諸如劉邦、曹操、劉備和孫權等人。李宗吾認定的所謂英雄的厚黑，其實只是屬於臉皮厚手腕黑的方法，揭開表面看本質，是薄而硬的臉裡子與紅而硬的心腸，絕非厚臉裡子黑心腸。

薄紅硬學具有六個關鍵觀點：

第一點：自愛心博愛心的程度非常高超。只有具備高超的自愛心，才會產生超越凡人的事業心，推動自己向上攀登。只有具備高超的博愛心，才能愛護他人和民眾，形成高度的道德名聲，得到民眾擁戴，成功個人事業。一言概之，要做英雄先做君子。

第二關鍵點：自愛心博愛心的狀態非常堅硬。臉裡子硬，就敢於使用特別厚臉皮的方法，或求人幫大忙以得到極大機遇，或坦然面對別人巨大侮辱以避免爭執麻煩。心腸硬，就敢於使用特別黑手腕的方法，痛下殺手，挫敗強大的敵人。

第三關鍵點：大膽使用正面薄紅和反面厚黑兩種方法。方法本身無所謂好壞。正面方法往往導致有利結果，反面方法往往導致有害結果。但是，碰到特殊情況，正面方法會導致有害結果，反面方法會導致有利結果。因此，英雄既善於使用正面方法，也敢於使用反面方法。

第四關鍵點：始終以正面薄紅方法為主。雖然允許共用正反方法，但是二者比例嚴重不等，使用正面薄紅方法和反面厚黑方法的比例在九比一以上。只有使用更多的正面薄紅方法，才能顯示自己的自愛心博愛心，讓民眾獲得好處，吸引大家追隨。

反面的厚黑方法可以使用，但不可過多使用，否則會損害多數人利益，導致民眾反對，結果失敗。其中的微妙之處在於，可以有厚黑方法，但不可有厚黑目的。內心不厚黑，方法的厚黑就少；否則，內心厚黑，方法的厚黑就多，損害的人就多，無法成就大業。

薄紅硬學第五關鍵點：服從社會大勢。俗話說：時勢造英雄。英雄要想成就一番功勳，所選擇的事業目標和成功途徑，必須服從社會大眾的思想和需求，不可落後，也不可超前，還不要完全脫離社會，偏離歷史發展軌道，更不要走邪路，和全社會對著幹。畢竟英雄不是超人，任何英雄的個人力量都遠遠大於一切民眾個人的力量，也都遠遠小於民眾整體的力量。例如袁世凱，當上總統已經是人生巔峰，然而妄想再爬一步當皇帝，結果身敗名裂，嗚呼哀哉，嶄新的得不到，原來的也丟失，貽笑大方。

薄紅硬學第六關鍵點：因事制宜選擇對策。現實人生複雜多變。以前可用的方法到現在就可能不適用，以前不適用的方法到現在就可能適用。正面方法用在某種情況下有利，用在其他情況下則有害。因此，應變問題，就成為做人處世的難點與重點。

薄紅硬學永恆奉行的宗旨是正義。而正義屬於個人價值和民眾價值的有機統一。起點目的和終點效果是永恆不變的正義，中間的對策方法之變化完全取決於事件情況的變化。

聖人孔子曰：言必信，行必果，硜硜然小人哉！亞聖孟子一語道明玄機：大人者，言不必信，行不必果，惟義所在。亞聖說的真好，只有正義這個道德宗旨，才是英雄追求的核心與根本，為實現正義不可拘泥固執，而要隨機應變。誠如拿破崙所說：我有時像獅子，有時像綿羊。我全部成功的秘密在於，我知道我什麼時候是前者，什麼時候是後者。那些迂腐的人固執遵守正面方法，不敢使用相反的反面方法，不能正確處理複雜和特殊情況，做不成大事情。

做人對策強調靈活處事，因事制宜，針對不同情況採取不同方法。簡單說，處在正面情況下要採用正面方法，處在反面情況下要採用反面方法。對於好人好事，處在正常條件下普遍要採用正面方法；處在反常條件下可能採用反面方法。對於壞人壞事，處在正常條件下普遍要採用反面方法；處在超常條件下可能採用正面方法。

我們人類自古至今，已經積累了無數的做人處世理論和方法、規則，甚至有不少的所謂聖人名言。但是彼此矛盾，公說公有理婆說婆有理，令人感覺迷茫，不知道誰對誰錯。

其實，以往理論都對，也都錯。癥結在於，以往每個理論都有局限性，所主張的方法只能適用於某種特定情況，當情況發生變化後方法就不再適用，要適用的是其他理論方法。而我的薄紅硬學科學處理了如何運用正反兩種方法的難題，

可以說囊括一切做人理論的精華，超然其上。

要搞清英雄的秘密，我們還要搞清其他相關大人物和英雄之間的關係。全部大人物分為四種：英雄、奸雄、梟雄和平庸權貴。所謂英雄，就是非常有利於社會，獲得極高社會地位的人物。所謂奸雄，就是獲得極高社會地位，但實質上對社會有害的人物。梟雄則兼具英雄和奸雄的特點，既對社會有利又對社會有害。而既不是英雄也不是奸雄的大人物，對社會缺乏特別的好處和壞處，屬於平庸權貴。

薄紅硬學與厚黑學比較，兩種理論既有共同點又有區別點。英雄依靠薄紅硬學，堅持高度且堅硬的自愛和博愛的內在需求，既採用正面也採用反面的外在方法，以正面方法為主，後果有利於國家和民眾，取得真正成功。

奸雄依靠厚黑學，堅持卑賤惡劣的內心需求，既採用正面方法也採用反面的外在方法，以反面為主，後果有害於國家和民眾。奸雄會取得暫時或局部的成功，固然獲得一時風光，但最終歸於失敗，例如安祿山。順便說一句，奸雄的心態同樣堅硬，堅硬心態促使奸雄暫時壓制自私而表現無私以收買人心，厚黑學其實該叫——厚黑硬學。梟雄則運用兩種理論，取得部分成功。既不薄紅，也不厚黑的大人物，只能淪為平庸權貴。

當然，厚黑學不是完全和絕對錯誤，存在個別有意義的觀點，主要是指厚臉皮和黑手腕的方法有特殊效果，在特殊情況下屬於維護個人利益和社會道德的唯一方法。正是這一點，給厚黑學蒙上正確的光環，而且別出心裁，迷惑不少人接受，忽視其錯誤與危害。

總之，厚黑學小對大錯，薄紅硬學只對不錯。薄紅硬學借鑑厚黑學的積極部分——用一個「硬」字囊括其厚黑方法；遏制其消極部分——否定其厚黑目的；補充其缺乏之部分——強調薄紅方法為主要，組成科學的處世哲學和成功學理論。

從道德的角度觀察，李宗吾的厚黑學，和我的薄紅硬學，都是主要圍繞如何處置社會道德而進行。不同的是，厚黑學排斥道德規則，而薄紅硬學弘揚道德規則。從這個意義上說，薄紅硬學就是「德勝學」——以德取勝的英雄哲學，厚黑學就是「反德學」。英雄人物具有很高的做人力量包括道德力量，因此獲得極高的道德名聲，進而獲得事業成功。

隨著人類社會發展，道德和法治文明提高，一個人的道德素質成為其成就事業的必要資本之一，薄紅硬學必然越來越光大，同時厚黑學越來越失去市場。如果一個人還想依賴厚黑學處世，即便是短暫的成功也很難，開頭就會被社會正義力量拿下。另外，流行百年的厚黑學被外國人當做中國人的自私人性的標籤，損壞民族聲譽，因此更加有必要打倒厚黑學，弘揚薄紅硬學。

從古代文化淵源分析，薄紅硬學融合了儒家和法家的思想。儒家提倡待人要善良溫和，而法家強調待人冷靜嚴厲。儒家思想相當於薄紅硬學的薄紅目的和方法，法家思想相當於薄紅硬學的堅硬目的和厚黑手段。一個人可以把儒家思想當做內心目的和主要手段，但不可當做全部手段，必須同時把法家思想當做輔助手段。形象地說，心懷孔子，右手孔子，左手韓非，大事可成也。

薄紅硬學還具有不同的層次。程度達到高級，掌握者就會成為英雄；程度達到中級，掌握者會成為精英；程度達到低級，掌握者只能淪為凡人。

的確，廣大民眾也是按照薄紅硬學做人處世。大家內在目的上都是薄臉裡子紅心腸，在外在方法上主要使用薄臉皮紅手腕，次要使用厚臉皮黑手腕。社會上那些自私的小人往往混得很差。比普通人混得好的人，都是口碑很好的君子。只不過，民眾所掌握之薄紅硬學的程度，和英雄精英的比較起來非常微弱罷了。

因此而言，薄紅硬學屬於全民通用的做人哲學。

我希望廣大讀者，瞭解——掌握——運用薄紅硬學，擺脫厚黑學的陷阱，闖出一番成就，至少比無數凡人稍微提高一個檔次，做個不平凡的凡人——精英，再加把勁做一個真英雄大英雄。

目錄

第二章　英雄奉行薄紅硬學

第三章　奸雄奉行厚黑學

第四章　梟雄一面英雄一面奸雄

第一章

薄紅硬學原理

概括地說，推動英雄成功的是做人之力量，包括需求、實力、方法和對策四個要素。英雄依靠的是薄紅硬學，奸雄依靠的是厚黑學，二者形式相似而本質相反。

一、力量是一切的源泉

力量屬於人類操作一切行為活動的內在資本，包含兩類要素：需求和能力。需求包含基本的欲求、需要、自保、自私、無私、善惡；包含抽象的價值、責任心、志向、意義；包含具體的食物、房子以及金錢目標等系列事物。能力包含體力、智力、知識和各種方法以及對策。需求和能力二者同時共同構成力量，缺一不可，十分必要，形成不可分割同時作用的相乘關係，不是分散存在的相加關係：

力量＝需求×能力

當一件事情，對於個人沒有價值和意義，不符合個人需求，個人即使有強大能力完成也不去做，舉手之勞也懶得做，所謂力有餘而心不足；當一件事情，對於個人有很大價值，完全符合個人需求，甚至夢寐以求，如果自己缺乏能力，也不會去做，乾著急無可奈何，所謂心有餘而力不足。只有當一件事情，對於個人既符合需求又符合能力，應該做能夠做，有責任做有能力做，個人才會去做，積極主動去做，激發更大能力去做，挖掘潛力去做，沒有既定方法也要創造嶄新方法去做，即使遇到挫折也會一直去做，力求最終成功。

在此對於能力進一步分析。能力包含實力和方法以及對策三個要素。實力是指側重於基礎方面的能力，比較原始和低級，包括體力、智力、基礎知識、地位等因素。用公式籠統表達為：**實力＝體力＋智力＋基礎知識＋技能＋經驗＋財富＋人脈＋地位＋權力＋時間**

方法是指事物對外作用的形式，在這裡特指個人表現出來的如何對待他人的方法，包括自尊、尊人、真誠、善良等。用公式籠統表達為：

方法＝自尊＋尊人＋真誠＋善良

對策是指為了解決實際問題事情所選擇的方法，是如何選擇方法的方法。對策在本質上屬於一種方法，歸屬於能力，然而屬於特殊而關鍵的方法和能力，要能夠調查客觀情況的力量和洞察主觀自己的基本力量，要能夠在眾多方法中選擇最好的方法，下一步就是指導實際行動開啟，處於主觀力量和客觀力量的交匯點。

因為客觀情況複雜多變，如何選擇對策是非常困難的。許多時候，一個種類的方法有道理使用，相反種類的方法也有道理使用；一個程度的方法有道理使用，其他程度的方法也有道理使用。這就要求靈活把握，因此提升對策的價值，意義重大。如果一個人的實力很大但對策力量很小，就會使力量大打折扣，可能敗給一個實力不大但對策力量很大的對手，例如戰爭中的弱者擊敗強者。綜上所述，完整的力量範疇包含四個具體要素：需求、實力、方法和對策，結構公式如下所示：

力量＝需求×能力

＝需求×實力×方法×對策

例如，一個人毆打別人時，毆打的動機屬於需求，出拳力度屬於其實力，出拳方向屬於方法，而實際出拳的時機、力度和方向屬於對策。當四個要素都大，毆打的效果最大。如果有一個因素不給力，毆打的效果就會打折扣，甚至失效。

再如，一個人讚美別人時，讚美的動機屬於需求，實力是其社會地位，讚美語言屬於其方法，而實際讚美的時機、場合和語言屬於對策。四大要素都好，則讚美效果越好。

最後指出，做人處世是個人自己和他人的交際互動，因此本質上屬於主觀力量和客觀力量的博弈或融合。他人的力量同樣具有四大要素。

另外，一些非生命形態的客觀事物，例如大地山川和工具、材料等，照樣具有自己的力量以及四要素，只不過它們的需求永遠都是本能的自我保護，沒有變化，因此可以設定為數位——1，其活動方式僅僅受到能力的控制。存在下列公式：

非生命事物之力量＝需求1×能力＝能力

二、五件大事都依靠力量

做人處世，處理一切事情，總是依靠自己力量。與自己需求無關的事，人們不會關注，即使能力綽綽有餘也懶得伸一根手指頭，所謂事不關己高高掛起，聰明人都不會沒事找事找麻煩。如果事情關係自己需求，人們還要衡量實力夠不夠，切忌硬撐。當需求和實力都合適後，個人還要擺出許多可能成功的方法，從中選擇效益最佳的一個方法，切忌胡幹。雖然條條大道通羅馬，但是只有最近的那條最快到達羅馬，唯有最快到達羅馬最為榮耀。

做人有五件大事。對每件大事的處理，思維的核心與框架，都要依靠力量這個概念。

第一件大事：認識自己和他人

大軍事家孫子曰：知彼知己，百戰不殆。同理，只有瞭解自己和他人，才會制定正確方法，搞好人際關係。那麼，瞭解什麼呢？就是了解主觀和客觀各自力量的四要素。關於需求要考察其動機、目標、品德等；關於實力要考察其體力、智力和才能以及家庭、人脈等；關於方法要考察其性格、習慣等；關於對策要考察其應變能力和實際處事經驗等。三國時期官渡大戰開始後，面對兵力雄厚的袁紹，曹操本人也是缺乏信心，忐忑不安。為鼓舞其信心，大謀士郭嘉對曹操說道：現在袁紹有十個方面敗落，主公有十個方面勝出。

第一是道術勝出。袁紹講究繁雜的禮節和儀式，被形式所約束，做事缺乏效果，主公追求實效，按照自然規律辦事，因事制宜，事半功倍。

第二是正義勝出。袁紹作為諸侯發動反叛，主公代表天子統帥天下。

第三是治理勝出。漢朝末期因為統治太寬鬆，導致宦官篡權，諸侯割據，政局失控，袁紹以寬濟寬，無法懾服下屬，主公嚴格糾正放縱局面，撥亂反正，恢復制度應有的威嚴，上下都服從，因此敬畏主公。

第四是氣度勝出。袁紹外表寬宏但內心狹窄，用人而懷疑，任人唯親，主公外表上小氣苛刻但內心精明大方，用人不疑，不問遠近，唯才是舉。

第五是謀略勝出。袁紹多謀少斷，失去先機，就無法應付後面事情，主公策劃好就立即執行，而且應變無窮。

第六是品德勝出。袁紹是世襲貴族，喜歡沽名釣譽，那些擅長奉承而缺乏謀略的名士都歸順他，主公誠心誠意對待他人，不貪虛名，有功必賞，那些有真才實學富有遠見的人都願意為您所用。

第七是仁義勝出。袁紹見到饑寒之人，臉上就流露出憐憫神色，卻不考慮那些從未見面的廣大貧困百姓的死活，這是婦人之仁。主公對眼前小事有所忽略，對待大事從不含糊，思慮所及不限於直接接觸的人，恩德加於天下，收服民心。

第八是賢明勝出。袁紹不會用人，大臣爭權奪利，相互攻訐，弄得他分不出好壞，主公以正道統帥下屬，不受小人讒言迷惑和擺佈。

第九是文韜勝出。袁紹不能明辨是非，主公對正確的事情就用禮節稱讚進一步肯定，對錯誤的事情用法律來矯正。

第十是武略勝出。袁紹打仗只會虛張聲勢，不懂得兵法要領，主公以少勝多，用兵如神，士兵信任，敵人畏懼。

主公憑藉這十個方面的力量足以打敗兵力強大的袁紹，不必懼怕他。

郭嘉一番精彩的比較，終於鼓足曹操的信心，最終打敗袁紹，一舉確立霸業。從現代眼光來看，以上十條涉及政策、法規和個人修養、性格等重要方面，屬於永恆的處世問題和方法，值得現在的我們借鑒。我希望讀者要做富有大德大才的曹操，勿做只有小德小才的袁紹。

第二件大事：選擇同盟

在結交人脈時，必須同時考察他的需求和能力，主要是品德和才能。形象地說，有德有才為精品，無德無才為廢品，有德無才為贗品，無德有才為毒品。德才兼備者值得交往，而無德無才、有德無才和有才無德的人，都不能輕易交往。如果比較品德和才能的價值，恐怕品德要略勝一籌。因為品德反映需求支配行為，如果品德這一樣不好，會驅使許多行為都損人利己；而且，品德聯繫著生命本性，比才能更加穩定，一旦形成很難改變。

清末名臣曾國藩選人，一向主張德才兼備，而偏重於德。一天傍晚，曾國藩回府，下屬稟告，李鴻章推薦了三個年輕人，他們已經在庭院裡等待半天時間。曾國藩在大門口悄悄觀察一番，然後請三人攀談一會，接著安排職位。

下屬好奇地詢問原因，曾國藩解答：第一個年輕人在等待我時，便探頭探腦打量我大廳裡面的擺設，內心揣摩我的喜好，所以和我談話時很投機，但是他對很多學問不精通，而且他在等待我時背後嘟嘟囔囔，大發牢騷，見我之後卻恭恭敬敬。由此可見，此人口蜜腹劍，善於鑽營，有才無德，不足擔當大事，不可給他實權，我是看在李鴻章的面子上給他個虛職。

第二個年輕人在等待時，規規矩矩站立著，幾乎一動不動。談話時小心翼翼，唯唯諾諾，毫無主見，這就顯得沉穩有餘，魄力不足，只能適合做一個記帳文書。

讓我看重的是最後一個年輕人劉銘傳。他在長時間等待時竟然仰觀浮雲，這就顯得不急不躁，從容淡定，頗具大將風度，足以在軍前效力。更難得的是談話時，面對顯貴，他能不卑不亢，而且頗有見地，這是曠世奇才啊！日後必成大器！我已經寫信囑咐李鴻章重點培養劉銘傳。不過，他初次見面就敢偶爾頂撞我一句，可見性情耿直，以後難免招來口舌是非，影響仕途。

曾國藩果然慧眼識人，劉銘傳在後來脫穎而出，立下赫赫戰功，協助消滅太平軍和撚軍，升為臺灣首任巡撫，打敗入侵法軍，從而揚名中外，至今被人懷念。可惜，又如曾國藩所言，口直心快的劉銘傳最後被小人中傷，黯然離開人生的頂峰——臺灣。

第三件大事：拉攏他人

在人際交往中，如何拉攏別人建立人脈呢？核心就是針對他人力量解決問題。例如，怎樣送禮拉攏一個人，就要同時考慮他的需求和能力。如果一個人不喜歡一種東西，即使再貴重你也不要送給他；如果一個人喜歡一種東西，同時自己有能力輕鬆得到，你也不要送給他這種東西，他不稀罕；只有給予對方既想得到又難得到的東西，才會讓他最珍惜，才能俘虜他的心，如同一句俗語所說：妻不如妾，妾不如偷，偷不如難偷。這話粗理不粗。

民國大軍閥段祺瑞非常喜歡下圍棋，但是有怪癖。一次，段祺瑞和兒子段宏業下棋，慘敗，就怒斥道：「你這小子，什麼本事也沒有，只知道玩這個，你以後會有什麼出息？」段宏業吸取教訓，後來故意大比分輸給段祺瑞，豈料好心沒好報，段祺瑞又罵道：「你這小子，連個棋都下不好，以後會有什麼出息？」弄得段宏業左右為難。

段祺瑞當時特意養了一批棋手，陪他下棋，每月發工資。後來加入日本籍顯赫一時的國手吳清源，十一歲時被引見給段祺瑞。二人對弈，吳清源不懂其中世故，拿出真本事打敗段祺瑞，段祺瑞氣得拂袖而去，把自己鎖在屋子裡，一天生悶氣不願見人。看在吳清源年幼不懂事的份上，段祺瑞第二天還是付給吳清源一百塊大洋，不過從此不再和他下棋。

原來，段祺瑞下棋水準不高，但自尊心很高，不願意輸棋。手下棋手為迎合段祺瑞煞費苦心，一方面不能贏段祺瑞，否則惹他惱怒，無法保住自己飯碗；一方面也不能多輸子，否則會讓段祺瑞看不起，降低贏棋的快樂，也難以保住飯碗。只有既讓他贏，又讓他不輕鬆贏，能贏但難贏，才能把段祺瑞哄得舒舒服服，最終獲得豐厚的報酬。這種人屬於人精。

第四件大事：克服敵人

在社會上混，難免惹下幾個仇家敵人，怎麼消除敵人的威脅呢？你還是要分析需求和能力這兩大方面。如果難以消除敵人的能力，那就消除敵人的敵意；如果無法消除敵人的敵意，那就消除敵人的能力。只要一方面得手，就能瓦解他的整個力量，感化或者打敗他整個人。

曾國藩死後，其弟曾國荃出任兩江總督，手下的江蘇布政使則是曾國藩的門生許振，二人一向不和。不久，曾國荃寫好奏章，準備彈劾他。

世上沒有不透風的牆，許振聽說後焦急萬分，向師爺討教對策。師爺說道：「曾帥死後我們無力抗拒曾國荃，只好以情動人，抬出死人壓活人了。」按照師爺的計策，許振火速在南京城裡買下一幢大房子，不分晝夜地施工，改建為書院，用曾國藩的封號取名為「文正書院」。許振還擺上曾國藩的遺像，親自寫一副對聯掛上：瞻拜我惟餘涕淚，生平公本愛湖山。

一切準備就緒後，許振立即誠懇邀請曾國荃以及全省各位大員蒞臨書院。曾國荃雖然反感許振，但是沒有理由回絕，不得不應付一下，順便看一下他葫蘆裡賣的什麼藥。開學儀式上，面對曾國藩遺像，許振伏地痛哭，一把鼻涕一把淚，旁觀者無不動容，交口稱讚許振重情重義，不愧為曾國藩的得意門生。行禮結束後，許振恭恭敬敬地請曾國荃題寫匾額。接著，許振向全體師生慷慨陳詞，說自己十分尊崇和懷念先師，勉勵大家學習曾國藩學風。最後，許振還真情向大家介紹曾國荃：「兩江總督曾大人是先師之親弟，我一向尊崇他，大家見到他就如見到先師一般，務必恭恭敬敬，不可有絲毫怠慢。」

許振一連串情真意切的表演感人肺腑，就連曾國荃這樣暴躁倔強的人都被感化了。他一回到總督衙門，立即燒掉了彈劾許振的奏章，並對屬下說：「如果彈劾了許振，我就對不起先兄的在天之靈了。」許振化險為夷。許振的這一招，確實高明。人最強大的是內心，最軟弱的也是內心。給敵人的內心撓癢癢，他舒服死了，焉會恨你？

美國喜劇明星卓別林在一天深夜回家，走到一個僻靜小路時，突然竄出一個劫匪，拿著手槍逼他交錢不殺。卓別林口袋裡的確裝著一大筆錢，當然不願意給劫匪。但是，既保住錢又保住命似乎很難辦。卓別林畢竟是卓別林，拿出平時演戲的功夫，裝作渾身發抖，戰戰兢兢地說：「我身上是有點錢，我會給你的，可這錢全是老闆的，請幫個小忙吧，在我帽子上打兩槍，我回去好給老闆交代。」這個劫匪一聽有點道理，就把他的帽子接過去，「砰砰」開了兩槍。卓別林扯起褲腳央求：「請您在這裡打兩槍，這樣就更逼真了，老闆就不會懷疑我私吞了。」劫匪又照辦了。卓別林扯起衣襟又說：「請再朝衣襟上打幾個洞吧。」劫匪不耐煩地罵道：「你這個膽小鬼！」接著扣動扳機，但不見槍響，原來子彈打光了。卓別林趁機撒腿跑掉，只留下劫匪目瞪口呆。

第五件大事：強大自己

既然力量如此重要，我們應該仔細梳理個人力量的內容結構，回首以往經驗，立足現實問題，眺望未來方向，然後造就強大的力量。我們既要具備力量的豐富種類，還要具備力量的強烈程度；既要培養欠缺的力量，還要修正多餘的力量。

在我們生活的社會，充滿著複雜情況，說不定碰上什麼意外事件。為應付各種情況，人們平時必須練習和掌握儘量豐富的力量，有備則無患。如同平日練兵，各種戰術動作都要學會，有些特殊動作可能以後用不上，也可能發揮很大作用，因此有必要事前掌握。我們要具備豐富的需求，成為「花心人」；具備豐富的能力，成為「萬能人」；具備豐富的方法，成為「多面手」；然後具備有效的對策，就在內部積聚豐富的力量，就會胸有成竹，充滿自信，瀟灑處世，兵來將擋，水來土掩，萬事如意。

《莊子・胠篋》記載一個故事。盜賊蹠的部下詢問有沒有做強盜的法則。蹠回答說：「做任何事情都有法則，做大盜同樣如此。憑空猜出屋裡儲藏多少錢財，此謂聖；帶頭衝進屋內，此乃勇；最後退出屋子，此為義；酌情判斷可否動手，此即智；公平分贓，此是仁。如果不具備這五種素質就不會成為大盜。」這個故事雖然特殊，卻也點出一個道理：為人處世必須具備儘量豐富的力量，缺乏任何一個必要的力量因素，都幹不成大事。

人們尤其要注意，看著相互矛盾的正面和反面力量實際上相反相成，結合起來最有功效。在需求方面，我們必須共同具有博愛和非博愛需求，一個人如果完全自私就沒有人緣沒有好下場，同樣，一個人完全無私，只關心別人不關心自己，也會讓自己損失慘重。在方法方面，我們必須同時掌握正面和反面方法，一個人如果只懂得真誠而不懂得欺騙，只懂得善良而不懂邪惡，有時難免栽跟頭。

在實力方面，我們既要掌握專業技術，還要具備業餘愛好的技術。專業技術顯然很重要，一個普通人到微軟工作再會搞關係也難受尊敬。業餘愛好如下棋打球等也很必要。如果一點愛好也沒有，和別人交往就缺乏機會，顯得乾巴巴的，關係就無法融合和密切。

格林斯潘剛進白宮時時，發現網球在白宮圈子周圍很盛行，而自己網球打得並不怎麼樣，為了趁機聯絡權貴，他苦練球技，水準提高很快，同時很快和大人物熟悉起來。網球為他連任三屆美聯儲主席立下功勞。

總之，只要緊緊抓住力量四要素，壯大自己力量，就能擺平一切事情，瀟灑走人生，逍遙闖社會。

三、英雄是薄臉裡子紅心腸

我們知道，做人處世屬於主觀力量和客觀力量的博弈或融合，力量包括四個要素。因此，從主觀角度看，做人處世涉及四個力量要素加上一個客觀要素。相應地，關於英雄做人處世的哲學理論——薄紅硬學，就包含五條法則：需求法則、實力法則、方法法則、客觀法則和對策法則。每個法則包括一些原則。

在薄紅硬學五大法則中，第一條需求法則處於基礎和決定地位，為做人處世行為提供前進的動力與目的，促使英雄發展實力和方法，面對客觀精心對策，充當做人處世的起點和歸宿。

需求法則包括五條原則

第一原則：英雄要始終具備人類特有的兩種欲求，即高度但不極端更不過分極端的自愛心和博愛心，很愛面子，心腸特紅。這是英雄建功立業的先決條件。

欲求屬於人類的內在並原始的動力，派生內在目的、外在目標等事物。欲求本質上屬於生命機能失衡之後恢復平衡的要求。人具備三種生命機能，派生三種生命欲求：生理機能派生生理欲求，如吃喝、安全等。心理機能派生心理欲求，如聽覺喜歡特定頻率聲波，排斥某些頻率聲波。

思想機能是指大腦在感覺和思維之後形成的思想意識，其實體屬於嶄新的神經聯繫。並非所有思想都會形成生命需求，只有包含強烈感情體驗的感情思想，同原始的感情生命機能形成直接聯繫，才會派生生命欲求——思想情感欲求，簡稱情感欲求，例如對香甜食物的迷戀。

進一步分析歸納。生理欲求和心理欲求都是針對原始生命機能得以生存的欲求，因此統稱為生存欲求。情感欲求因為思想內容複雜，按照產生的順序，主要分為享樂、審美、自愛和博愛的欲求。值得強調的是，作為後天繼發形成的欲求，它們受到本體機能的制約，同先天機能的距離也是這個順序，各自激發後最大程度的順序也是如此。換而言之，人們首先注重的是享樂欲求，其次是審美、自愛和博愛。

具體來看欲求本體的產生歷程。生存欲求依託其本體——先天的生理以及心理機能，屬於先天具備的。人一出生就會新陳代謝，本能要求供應能量物質，產生吃喝欲求等。在滿足生存欲求的過程中，會形成快樂的感情思想，上癮後就形成牢固的神經聯繫，並且和原始感情機能建立相互影響的密切聯繫，如同嶄新的生命機能，派生生命欲求，從而產生享樂欲求，追求好吃好喝，如同生存欲求的影子，也十分強烈。

先天的心理機能喜歡平衡、勻稱、色彩鮮豔等特性，經過思想意識的整理，形成基本的審美欲求。因為審美欲求的本體混合先天和後天，程度比較強大。

人隨著成長，形成自我意識，生存和享樂欲求滿足後形成的快樂印象，同自我意識結合就形成自愛的感情思想。因為自己讓自己獲得享樂，所以愛屋及烏形成自愛情感。可以說，自愛屬於各種情感的總和。

自愛作為感情的總和，比較單個情感，其程度極大，一旦受刺激產生需求，往往會爆發極大熱情，甚至令人不顧生存。因此，自愛可謂欲求的統帥。

自愛形成後，促使人喜愛自己的同類，形成博愛的感情思想。可以說，博愛屬於自愛的泛化。博愛處在欲求產生序列末端，獲得先天生命機能的支持很低，因此程度在五大欲求中最低。總之，人具備生存、享樂、審美、自愛、博愛五大基本欲求。各種欲求產生一些要求、需要和客觀目標。其中，財富和權力可以滿足許多欲求，備受民眾一致青睞。下面附錄人類欲求結構圖示：（圖一）

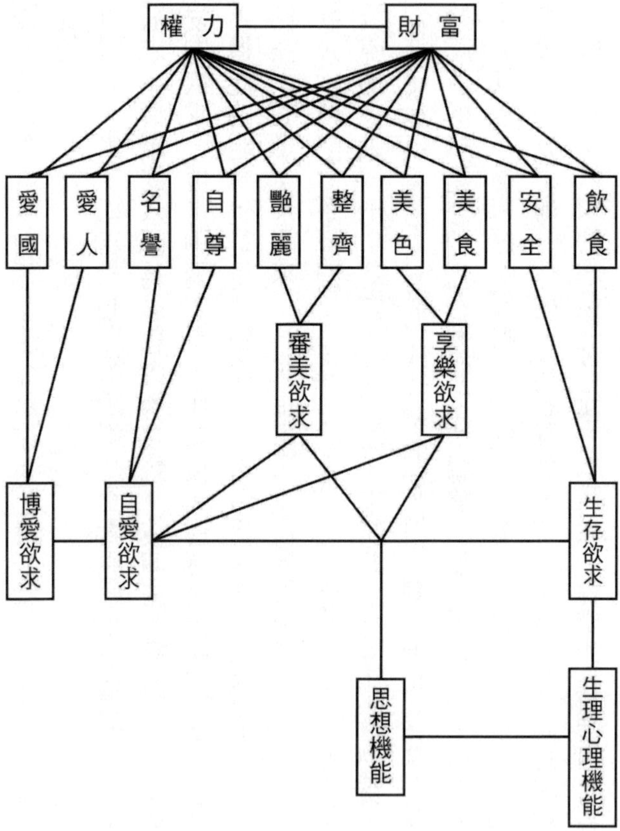

【圖一】

生存、享樂和審美同先天機能聯繫直接，各自程度天然強大，但相對比較，每個人的程度差不多，因此不會成為人發達的特殊動力。

自愛欲求和博愛欲求又稱為自愛心和博愛心，在人類後天的自主能動生活中產生，屬於人類特有的高級欲求和目的，為動物所不具備，因為動物依靠本能生活，自我意識很差甚至沒有，自然缺乏自愛，進而缺乏博愛。

自愛思想在個體之間差異很大。因為，自愛的形成受到各種因素的影響太大，例如個人生活好會提高自愛，而不如他人更好生活就可能降低自愛。另外，個人會比較自己和他人的差距，比別人差就會降低自愛，更高的自愛往往依靠比他人更高的能力和成就，在人際博弈中產生，因此更高的自愛很難發展形成。

受到每個人自愛水準和周圍人際交往的影響，博愛心的個體差異最大。

現實社會中，多數人具備一般程度的自愛心和博愛心，有些人具備很強的自愛心博愛心，有些人則很弱；少數人則具備相反的卑賤心和惡劣心。於是，自愛和博愛欲求的高低就成為衡量不同人的標誌，拉開凡人和英雄之間的內心差距，自然拉開人生的差距。

一個人處世水準的高低，並不體現在，為了生存和其他人如何打交道，因為大家彼此差不多，表現相對平淡；而是體現在，為了自愛博愛如何同別人打交道，當自愛博愛和生存發生矛盾時如何處理人際關係，這時大家彼此差很多。

普通人的自愛心很低，只要混的比周圍人們不差就滿意，追求的目標是一份可以養家餬口的職業。

而英雄的自愛心非常強烈，臉裡子特薄，覺得自己就是比別人聰明和尊貴，非常想出人頭地，非常想得到許多人的尊敬，獲得超高的道德名聲和權力，追求的目標是一種超越眾人的事業。

有的英雄做著低等的職業，但不會放棄高等的事業。在高大目標的指引下，英雄努力拼搏，最終脫穎而出，一覽眾山小。

一些英雄也追求財富，但追求的是超越普通人幾倍幾十倍的財富，這些巨額財富顯然超出個人的生存享樂需求，其背後的真正動機是那種超越眾人財富帶來的尊嚴享受。

英雄自愛的程度雖然高超，但是並非極端，更不會過分極端。優秀的人難免有一絲極端的自愛，產生自傲自大的心態，這會給做人處世帶來麻煩。當然，如果把控好，只在內心自傲，外表還是謙虛待人，或者偶爾表現驕傲，也沒什麼嚴重危害。有嚴重危害的是極端的極端，極端之上的再次極端，這種人屬於孤傲者，內心認為自己絕頂優秀，並且表現出來，始終表現出來，如同皇帝和神靈一樣，總認為自己比一切人都聰明，都仁義，說的話最對，做的事最好，容不得他人一點質疑和冒犯，這種人容易剛愎自用，和別人發生衝突，缺乏人脈，孤家寡人，難成大事，即便大事有成也難以持久。

與孤傲者不同，英雄極愛面子，但並非神聖不可侵犯。當遭到他人不算大的鄙視和屈辱後，尊嚴受損，英雄不會大動肝火，既不會自殺，也不會做出拼命報復，從而集中精力幹事業，同時結下好人緣。

英雄不僅特別自愛，而且特別博愛，心腸特紅。英雄不僅愛護周圍的人們，更重要的是熱愛廣大民眾、全社會和全人類。在英雄的心中，周圍任何一個人不如他尊貴，對自己的敬愛甚至超過世界上任何一個優秀的個人，但是當這些一個個的普通人組合成全人類，英雄的自愛就顯得微小，愛自己更愛全人類。心懷對人類的愛，英雄會主動、真誠和大量地愛護他人，哪怕對方地位卑微，這自然得到廣大民眾的擁護，幫助事業成功。

英雄博愛的程度同樣是高超而不氾濫，不會極端更不會過分極端，不會無限制愛護他人，從而集中力量投入自己事業。有些人太慈善，事業剛起步就拿出大把時間和資金去周濟窮人，這就難以發展。

四、上帝為大家，人人為自己

人類五大欲求共同具有內在的特性——自利性。所謂自利性，是指欲求在生命層次上的自我保存特性，依附於新陳代謝，沉浸在血液中。

吃飯會讓自己生存，否則肉體會死亡；自尊會讓自己感到光榮，否則就會被罵做沒人格的哈巴狗，導致精神痛苦，大腦機能紊亂；博愛則讓人感到愉悅，否則被人罵做沒人味的畜生，同樣導致精神痛苦和大腦紊亂。

有人認為，博愛完全是個吃虧不討好的事情，對自己沒好處，此言差矣！在大腦神經組成的思想意識中，博愛者和被愛者已經聯為一個不可分割的整體，幫助被愛者消除痛苦就會消除自己的連帶性痛苦，幫助對方獲得快樂就會讓自己獲得連帶性快樂，獲得良心的愉悅。博愛的快樂雖然低，但是有。看著孩子高興地吃著自己做的飯菜，哪個父母不幸福呢？幫助朋友解了燃眉之急，看他興高采烈，哪個人不高興呢？幫著問路的陌生人指明道路，看他高興走去，誰不欣慰呢？

美國有個百萬富翁，左眼壞了，裝了一隻假眼。他碰到馬克．土溫，問他：「你能猜出我哪隻眼安裝了假眼？」馬克．土溫瞄了一眼回答：「左眼假的。」富翁驚奇地反問：「為什麼？」馬克．土溫回答：「因為這隻眼裡還有一點仁慈！」對方惱羞成怒，又無可奈何。可見，博愛欲求雖然很低但是必要，被人類看做人性標誌之一，無博愛則不算人，遭人辱罵必然導致大腦痛苦。

當內在的自利性向外表現，人類五大欲求就形成不同的外在特性，包括自保、自私和無私。自保性屬於生存欲求的外在要求，從外界獲得好東西，向外界排放壞東西，近似於本能。這種自保性遺傳到享樂、審美和自愛這三種非博愛欲求身上，不涉及對他人的好壞，無所謂善惡，屬於中性狀態。

當自保性惡性發展就形成自私性。例如，當他人侵犯自己，人就對他人形成憎恨情感，盼望他倒大楣。當別人比自己富裕就產生嫉恨情感。當自己厭惡勞動就企圖讓別人代勞。這些就彙集成自私性，有惡的傾向。

博愛欲求具有無私性，把自己的好東西給予他人，把他人的壞東西拿給自己，有善的傾向。但從本質上看，無私性也是自保性的一種進化形式，具有自保的痕跡，例如個人總是首先和更愛自己的親人、同鄉和同胞以及同樣愛自己的人。

任何人在少年期都形成這三種人性。隨著接觸更多的人和事，成年人融入整體社會，多數人的無私發展的強一些，因為要保障好個人利益必須和他人組成同盟和朋友；自私變化的弱一些，因為自私會受到社會的排斥。

欲求的產生機制決定，任何成年人都以自保作為起始與主要人性，自私和無私都屬於次要人性，因此自保可謂人類本性。西方俗語說，上帝為大家，人人為自己；天下沒有免費的午餐。中國古語說：人不為己，天誅地滅。這些話聽上去刺耳，但還是正確的，絕大多數人在絕大程度上為自己名利而奮鬥。對此一句話證明：誰發了工資，往往都拿回自己家，沒有給外人的。還可反詰一句：你自己不維護自己，難道讓別人維護你自己？

凡人的自私性和無私性差不多，大體來說有如下人性公式：

凡人自利人性＝80％自保＋11％自私＋9％無私

英雄的無私很大而自私很小，奸雄的自私很大而無私很小。英雄的無私性比凡人大，但比自己的自保性弱，仍然被人們看做非常無私的人，似乎從來不顧及自身，沒有自保性，這不過是從相對角度觀察的結論。非常無私的英雄也有自己的巨大利益。

有的理論把人性只分為自私和無私，沒有中性的自保。如此簡單，顯然違反事實。誰會整天損害別人或者幫助別人呢？有的理論把無私當做本性，這明顯違反事實。在任何一個社會，可能存在個別人把自己大多數資源用在愛護別人上，但是絕不可能存在類似的很多人，因為人類的主要需求是非博愛需求。

有的理論把自私當做本性，這也非常荒謬。人之初，根本不認識別人，無法損害別人。如果一個人把大多數時間用在損害別人上，這種人必然遭到大家圍毆，注定活不長。

總而言之，中性的自保天然的屬於人類本性，這是真理。需要強調指出的是，由於自保同無私、自私存在有機聯繫，在外界影響下會相互催化。如果外界制度不夠妥善，中性的自保很容易發展出惡性的自私。如果制度妥善，自保會產生無私的效果。

流傳一個分粥的故事。有七個普通人組成一個小團體，計畫用和平的制度解決每天吃飯的問題——分食一鍋粥，這鍋粥不是很多，勉強夠大家喝，但並沒有稱量用具。如何公平分配呢？他們接連試驗幾種不同方法，以選擇最佳。

第一，大家隨意指定一個人主持分粥。當天大家就驚訝地看到，他為自己分的粥最多。於是又換了一個人，但是換不了結果，分粥者碗裡的粥總是最多最好。大家認識到：權力導致腐敗，絕對權力導致絕對腐敗。

第二，大家共同推舉一個品德相對最好者主持分粥。最初幾天他還能公平分粥，但時間長了，他開始為自己和奉承自己的人多分。

第三，選舉一個分粥委員會和一個監督委員會，形成監督和制約。公平基本做到了，可是效率下降了，因為監督委員會常提意見，分粥委員會又據理力爭，吵吵嚷嚷，等分粥完畢時，粥早就涼了。這種方法也不好。

第四，每人一天輪流負責分粥。這樣倒是平等了，但是每個人在一周中只有一天能吃飽而且有剩餘，其餘六天都餓肚子，這個方法也不好。

第五種方法：每個人輪流值日分粥，而且分粥者要最後一個領粥。令人驚奇的是，在這個制度下，七隻碗裡的粥每次都是一樣多，就像用科學儀器量過一樣。顯然，每個主持分粥者都知道，如果七隻碗裡的粥有差別，別人肯定拿走較多的，他肯定享用那份最少的，就會吃虧。

這個故事形象表明，人們內在的自保性無論如何都不會被外在壓力消滅，面對不同的壓力總會披上不同的「外套」來保護並實現自己，如同病毒具有頑強的抗藥性。更重要的是，只要安排好制度，自保性同樣可以產生公正的效果。為了不讓自己吃虧，就不能讓別人吃虧；為了不讓別人占自己便宜，就不能讓自己占別人便宜，大家皆自保，一切都公平。

還有一個真實的故事。十八世紀，英國政府雇傭私人船主，把大量罪犯送往澳洲進行開發，按照開始押送的罪犯數目付費。私人船主儘量多裝人，少給飲食，拼命壓低成本增加利潤，因此船上擁擠不堪，缺乏營養和衛生，罪犯死亡率超過10％。罪犯家屬和社會輿論紛紛抨擊政府。為改善運送工作，英國政府先後嘗試了三種方法。

第一種辦法是進行道德教育，讓私人船主注重名譽和良心，少裝犯人多給飲食，改惡從善。但是私人船主之間競爭激烈，誰要大發慈悲，誰運送的罪犯數目每次都是最少，誰就無法生存下去。這個方法無異於與虎謀皮。

第二種辦法是政府參與運送過程，由政府制定最低飲食和醫療標準，並派官員上船監督實施。但這種苦差事必須付給高薪，否則無人肯幹，導致成本太高。更惡劣的是，船主會逼迫官員同流合污，否則就把不識相的官員扔進海裡淹死，再詭稱他們暴病而亡，政府也查不出來。第二種方法同樣宣告失敗。

第三種辦法，政府不按上船時運送的罪犯人數付費，而是按下船時實際到達澳洲的罪犯人數付費。這樣一來，每個船主儘量少裝犯人，儘量善待犯人，以養活他們，罪犯死亡率下降到1％。原因很簡單，船主們都知道：只有活著到達澳洲的罪犯越多，自己的收入才能夠越多，要想讓自己好必須對別人好。

社會上絕大多數人和你我一樣都不是聖人而是俗人，主要自保偶爾自私，這是不可逆轉的事實，只能利用而不可違背。運送罪犯不同於運送普通客人，船主缺乏同情心，在這種極端反常情況下難免極端自私。只要安排好外部制度，自保就會杜絕自私，甚至促成正義慈善的客觀行為，如同無私那樣。在此強調，我的人類本性自保的觀點，為經濟學中的基礎概念——經濟人，提供了理論支持。

五、英雄是硬臉裡子硬心腸

需求法則第二原則：自愛心和博愛心的心理狀態特別堅硬。

擴展來看，成年人自愛心和博愛心的狀態，都比較堅硬，都有從鬆軟到堅硬的發展過程。在個人的少年期，自愛和博愛發展起來後，總是顯得「稚嫩」。有的少年人自愛內向收斂，在內心非常自愛，出現在眾人面前時，會認為他們都在關注和評價自己，於是刺激自愛心啟動，產生別人看不起自己的意識或者自己不配別人看重的意識，顯得緊張害羞，不願意見到陌生人。這樣難以混社會。經過反覆的社會交往後，少年人的自愛得到磨煉，臉裡子逐漸從「稚嫩」變得「皮實」，變得自信大方，臉皮厚起來，可以在眾人面前坦然表現自己，和大家積極交往。

有的少年人不願意求人，不願意巴結別人，否則感覺掉價、丟面子。這樣就難以得到別人幫助，發展自己。等到時間一長，就會發現，求人和巴結人是混社會必須的方法，任何人都無法避免，不會遭到民眾的恥笑，因此也會逐漸要求自己改變，克服羞恥心，臉裡子硬起來，可以大膽使用厚臉皮的方法。

有的少年人自愛外向張揚，特別愛表現自己，炫耀自己知識多，炫耀自己穿戴好，一旦遭到周圍人無視和鄙視，就感到惱火，抱怨別人。經過一些社會交往後，對嘲笑具備「免疫力」，自愛變得成熟穩重，可以無視別人的非議。走自己的路，讓別人說去吧。

當遭到別人侮辱後，少年人在內心會感到憋屈和憤怒，自愛心越強這種憤怒越強，但是理智促使壓下憤怒，以大局為重，實行厚臉皮方法。當這種磨煉多次以後，臉裡子會特別堅硬，面對屈辱內心淡然，波瀾不驚。

像自愛一樣，成年人的博愛同樣經過一個成熟過程，開始是對誰都同情，都愛護，慢慢地就只對某些苦難的人和某些苦難的事保持關注，對其他苦難不再揪心，從而集中精力於個人事業，在和別人衝突時也敢於維護自己利益，斥責和打擊對方，心腸逐漸硬起來，可以大膽使用黑手腕。

比較普通成年人，英雄的心態特別堅硬，堅如鐵，硬如鋼。在各種非常規的刺激下，心態仍然保持穩固，既不壓縮，也不膨脹，能夠強硬抵禦各種極端情緒體驗的干擾，始終保持頭腦思維的冷靜和理智，從而可以大膽使用程度特別大的正面方法和較大的反面方法，包括厚臉皮和黑手腕的方法，有效處置特殊情況。例如，韓信承受胯下之辱，坦然面對內心的煎熬和外人的恥笑，得以避免一場麻煩。創業初期的馬雲「自吹自擂」而臉不紅，敢於面對別人的質疑和嘲諷，從而鼓動許多人追隨自己。

如果一個人自愛心缺乏硬度，非常柔軟，就容易壓縮或膨脹。例如，有的人有一點成就，自愛心膨脹，就覺得自己是天下最聰明的人，目中無人，就無法贏得別人愛戴。

有的人稍微遭遇挫折，就自愛心壓縮，覺得自己不優秀，喪失進取心。有的人缺乏條件，做事開始不成功，遭到大家非議，內心就動搖，懷疑自己，喪失自信心，減小自愛心。有的人經不住別人惡語衝擊，臉裡子被刺破，就惱羞成怒，罵人打人，結果闖出大禍。這樣的人無法成就大事，也無法成就英雄。而真正的英雄是，成功不自狂，失敗不自卑，始終自愛自信。

英雄的博愛心也十分堅硬。英雄嚴格遵守國家法律和社會道德以及公司制度，對親人也不徇私情。這會讓自己內心不安，還會引來一些人冷嘲熱諷。但是，英雄仍然堅持做。這不會被社會稱為心腸黑、心腸冷，而是被比喻為心腸硬。另外有些英雄發達之後贈送給窮人一些錢財，也會被一些人嘲諷為沽名釣譽，收買人心，但英雄仍然堅持做，不怕非議。

如果一個人博愛心很大，但不堅硬，非常柔軟，就容易膨脹或壓縮，感情支配理智，使用過分大或過分小的博愛方法。例如，有的人看到別人十分困難，就內心極度不安，博愛心膨脹，腦子一熱，即使自己十分缺乏能力也要救助，結果弄得自己窮困潦倒，幫助不了別人，還把自己搭進去，於事無補。有的人心太軟，聽到別人軟語相求，就不堅持原則，遷就忍讓別人，結果讓自己付出極大代價，這就難成大事。有些人事業發展後，需要更強大的人才，但是太重感情，不願意辭退一起創業但能力平凡的老下屬，這種人難以走到巔峰。有些人心太柔，不願意擊垮競爭對手，最終被對手擊垮。

有的人能力充足時慷慨仗義，樂善好施，但是到稍微缺乏能力時，博愛心壓縮，不願意盡力救助他人，就無法贏得別人厚愛，也難以成就大事。

綜合來看，英雄的自愛心大且硬，博愛心也是大且硬。因為自愛心高，所以會感受到他人羞辱，盡可能反擊羞辱，發奮做大事業；因為自愛心硬，所以會承受住他人羞辱，接受不得不接受的羞辱，從而避免樹立強敵。該低頭求人就低頭求人，不怕丟臉面，該抬頭傲人就抬頭傲人，不怕被嘲諷厚臉皮。

同樣，因為博愛心高，所以會感受到他人的困難，盡可能去幫助他人，從而獲得人脈；因為博愛心硬，所以會承受住他人困難對自己良心的煎熬，拒絕不得不拒絕的幫助，從而保存個人實力。該拒絕別人就拒絕別人，不怕被罵自私冷血，該懲罰他人就懲罰他人，不怕被罵冷酷無情。

六、紅心腸比薄臉裡子重要

需求法則第三原則：自愛心和博愛心的雙方關係與結構要協調，博愛心規範著自愛心。

英雄做的事業，往往是凸顯自愛，給自己帶來巨大的名利。因此，是自愛心而非博愛心，成為英雄的最重要需求，在薄紅硬學中佔據絕對首位。

不過，博愛心在薄紅硬學中佔據絕對必要地位，不可缺少。英雄的事業在維護自愛的同時不違反博愛，甚至和博愛需求統一，也能造福於社會民眾。如果自己事業有損於社會，英雄就會約束甚至放棄。

人們都容易產生很高的自愛心，但很難產生很高的博愛心。因此，博愛心相對地成為英雄最重要的需求。有兩個人都具有極強的自愛心，但一個具有稍微強烈的博愛心，另一個具有非常強烈的博愛心，而後者更可能成為英雄。因此，一個人要想成為英雄，必須具備高度的博愛心。

有些人認為，我不和英雄一樣從內心熱愛他人，只從外在行為上愛護他人，不一樣取得成功嗎？想得美！因為，從外在愛護他人和從內心愛護他人並非一致，甚至差距頗大。

內心充滿博愛，愛護行為就會真誠、頻繁和巨大；反之，內心充滿自私，表面上卻裝出無私博愛的樣子，愛護行為就會做作、稀少和微小。別人不是傻瓜，不會被你欺騙愚弄。你只有真心愛護別人，才可能打動別人的內心，得到對方真心愛護。就說微笑吧。真誠的微笑發自內心，表達臉上，顯得親切自然。如果內心厭惡別人，臉上卻露出喜歡的微笑，就給人皮笑肉不笑的感覺，令人覺察，感到噁心。所以，與人交往必須擁有足夠和真誠的無私博愛之心，這是英雄之所以成為英雄的必要因素之一。

有些人認為，我只對強者有真誠的博愛心，對下層民眾冷淡對待，也能成就事業吧？這種狹隘的博愛心也無法成就大事業，只有具備針對廣大民眾的廣泛的博愛心才能收穫民心，取得成功。

古人曰：「得民心者得天下。」此話絕非誇大，一些底層老百姓真的會影響天下歸屬！這是一個樸素的真理。原因在於，最底層百姓直接聯繫著底層官僚，底層官僚聯繫著中層官僚，中層官僚聯繫著高層官僚，高層官僚聯繫著皇帝。如果皇帝的做法不得民心，百姓就不會支持底層官僚；底層官僚人單力薄，就無法支持中層官僚，以此類推，皇帝無法得到許多百姓和官僚的支持，如同普通人一個，光桿司令，天下自然失去。反之，皇帝的做法深得民心，就會獲得廣大民眾和官僚的支持，權力穩固。因此，一個人要想成為真英雄，不僅要籠絡下級，還要籠絡民眾，這自然需要巨大的博愛胸懷。博愛天然地成為英雄做人處世進而發展事業的基石。

有些讀者會說，人心比海深，看不清猜不透，你怎麼知道英雄的內心就是博愛呢？這有一定道理。但是，我們判別一個人，必然是也只能是從一個人的外在行為方法去判斷其內心目的。只要一個人經常、大量和嚴重地做出愛護他人的行為，他的內心就是博愛的；反之，只要一個人經常、大量和嚴重地做出侵犯他人的行為，他的內心就是極端自私的。這不是正確的邏輯嗎？

需求法則第四原則：其他需求也要維護。

英雄是英雄，也是人，同樣具有很高的生存、享樂與審美需求。英雄也喜歡吃喝玩樂，不過與自愛博愛比較起來，屬於陪襯。儘管屬於陪襯，也是必要的，不可缺少。英雄除去保障自己的自愛和博愛需求，對其他需求也要維護，不可隨意拋棄。英雄必須重視金錢和利益。它們既能維護個人生存需求，還能以此作為手段，維護人際關係，促進事業發展。

另外，有一個事物是極其特殊和關鍵的，那就是生命的生存。生存屬於英雄成就事業的一個條件，非常必要的條件，任何英雄都無法繞開。生存不保，事業就無法推進，自愛心和博愛心就無法實現。許多英雄為生存，而暫時放棄面子和親情，不惜蒙受巨大恥辱，例如韓信早年甘願受胯下之辱。

第五原則：具備強大的事業心。

所謂事業，就是依靠自己努力做成的大事，所創造的成就遠超周圍多數人的，如高超的政績、領先的企業、顯赫的地位等。事業心的內在基礎是強大的自愛心。只有自愛心強大，覺得自己與眾不同，才會樹立與眾不同、超越凡人的目標。顯然，英雄都具有強大的事業心。

綜上所述，一個英雄在需求方面必須具備五大原則：極高的自愛心博愛心，極硬的自愛心博愛心、博愛心規範自愛心、其他需求也維護、強大事業心。

關於奸雄。實事求是地說，比較英雄，奸雄的自愛心和博愛心往往都很低；但是，比較普通人，奸雄自愛和博愛的需求程度很高，然而性質是變態的，較高的自愛博愛和極強的卑賤惡劣之心混雜在一起，博愛心的對象範圍極其狹窄，僅僅針對自己的親人和下屬。有些奸雄對上級如同哈巴狗一樣溫順，臉裡子較厚，對下級如同虎狼一樣狂暴，心腸特黑。奸雄做事業，往往在開始階段迎合民眾利益，以取得支持；當自己功成名就大權獨攬時就拋棄民眾利益，突出自己利益。例如，袁世凱在做了民國總統後，悍然復辟當皇帝，遺臭萬年。

關於梟雄。梟雄的自愛心高到極端的極端地步，脫離博愛的規範，為個人臉面可以拋棄民眾利益。他們也有強烈的博愛，但是對象狹窄，像奸雄一樣，僅僅局限於自己的親朋好友和貼心下屬，對廣大民眾則冷酷無情。

項羽就是梟雄的典型，極端加極端高的自愛心完全淹沒了博愛心，攻破城池後屠殺那些抵抗自己的平民，坑殺那些滅掉自己楚國的秦朝士兵，用以維護個人尊嚴，無數他人的生命不如他個人的面子重要。因此，項羽的民心一點點喪失，眾叛親離，就從成功走向失敗，從英雄滑向梟雄。

總之，英雄的自愛博愛需求，程度特別高，狀態特別硬。不自愛不博愛，小自愛小博愛，太自愛太博愛，心態太軟，都難成大事，不成英雄。

七、實力法則

英雄做事業，只有一顆好心是不夠的，實際推動事業的還有強大的實力。薄紅硬學第二法則是實力法則，包括三條原則。

第一原則：要具備強大的直接性做人實力。

直接的做人能力包括禮儀知識、世俗知識、說話技巧、觀察力等。英雄都會具備，並且種類豐富，程度高大。

第二原則：要具備強大的間接性做人實力，如果開始不能具備，以後也要爭取具備。

間接的做人實力，幾乎包含人的一切實力，都會對做人處世形成支持，包括良好的相貌、氣質和體力、智力、思維模式、處世經驗、科學知識、認真性格、堅強意志、金錢、財物、權勢以及專業能力等。

相貌和氣質屬於人的第一張名片。相貌漂亮、氣質出眾的人容易取得人們的好感，反之，相貌醜陋、氣質猥瑣的人，難以得到大家的青睞。如果一個人嚴重缺乏體力或者智力，是很難做好小事的，也無法發展更強大的實力，從而無法做大事。

英雄智力高超，思維發達，會把雜亂的資訊規整為系統，會透過現象看本質，針對一個問題想出許多方法並選擇最佳方法。智力平庸的人是不可能成為英雄的。

英雄具備很高的科學素養，懂得很多知識。這能夠處理很多問題，也會讓他人產生敬意。英雄性格認真，會勤奮工作，會仔細觀察情況，全面衡量方法，慎重決策，而馬虎大意，懶惰拖遝的人注定做不成大事情。

任何事業都充滿困難和風險，否則，很容易完成的事情不叫事業。英雄的意志都十分堅強，膽量大，樹立事業目標後，會奮勇前進，遇到障礙就排除，勇敢面對一些危險，失敗後繼續奮鬥，直到最後成功。

俗話說，巧婦難為無米之炊，有錢能使鬼推磨。要想結交一個人，有時候，錢財是必要的。

成就一番事業，需要許多種類的實力，英雄不可能也沒必要掌握全部實力。但是，英雄到成熟期，必須擁有做自己事業的專業與核心實力，能夠獨立操縱自己事業。否則，一個人對自己事業沒有全局觀察和分析的實力，就對重大問題缺乏解決辦法，就無法完成事業。

劉邦是依靠戰爭起家的。有人說，劉邦沒有軍事指揮才能，老是打敗仗，勝仗都是韓信打的。其實，劉邦非常有軍事才能。張良和別人談論兵法，唯獨覺得劉邦是一點就透。楚漢戰爭爆發後，他獨自領兵正面對抗項羽，從開始落下風到後來形成對峙，顯示了很強的能力。立國後，劉邦獨自領兵掃除造反者，身邊沒有張良和韓信輔佐，照樣旗開得勝，馬到成功。可見，劉邦也是軍事家。

英雄身邊精英雲集，不過，這不能證明英雄自己可以缺乏事業核心實力，恰恰相反，因為英雄具有操縱事業的專業與核心實力，才會吸引並懾服精英。精英都是很驕傲的，不會屈從一個無能的老闆。英雄往往會自己主動發現重大問題，並給出有效方法。當下屬提出各種方法時，最後拍板決策的還是英雄自己，不具備專業實力能行嗎？

與英雄需求相反的奸雄，其實力至少有幾種也是十分出眾的。一個普遍的現象是，奸雄的語言能力都很高。他們巧舌如簧，添油加醋，顛倒黑白，往往能夠欺騙許多人，為他的事業服務。當然，奸雄的畫皮最終會被事實揭穿，被民眾拋棄。

第三原則：要具備強大的客觀方面的人脈，如果開始不能具備，以後也要爭取具備。

俗話說，一個好漢三個幫。英雄到成熟期，都具有強大的人脈，身邊精英雲集，對任何事業問題都能解決。任何英雄都不是全才全能，也沒有必要形成全才全能。英雄們都會籠絡各種精英，為自己所用。

英雄不僅善於結交精英，而且善於結交平民，得到無數百姓的支持。我們在前面已經講過，得民心者得天下，因此百姓是英雄最大的人脈，也是最大的實力之所在。

而且，精英之所以追隨英雄，不僅看重英雄對自己的態度，而且看重英雄對百姓的態度。只有對下層的百姓好，才能充分顯示英雄的內心是真好，對精英也是真心好，從而驅使精英真心歸順英雄。

許多英雄在起步階段，具有的各種實力比較周圍人不算高，甚至和普通凡人一樣，但是高強的自愛心和事業心會促使英雄，努力學習而提高實力，積極付出而擴大資本，再利用高超的實力和資本去運作事業，最終成功。例如，劉邦出身於農民，開始幹事業時不過是一個小小的幹部，但善於拉攏當地豪傑，起義之前就成為一個小集團的領袖。

一些英雄在起步階段，其實力比普通人高很多，但是相對於自己的事業而言，還是不夠的，否則單靠起步實力就能完成的事情，根本不是什麼大事情，不是事業。因此，開始有大實力的英雄也需要不斷學習和吸收新實力。例如李世民，出身於高幹家庭，但自己從小還是勤奮好學，能文能武，另外廣交天下豪傑，到起兵反隋時已經擁有龐大實力。

如果一個立志做英雄的人，不好好發展自己的實力，只依靠早年的實力，是無法成就大事的。

八、交際方法系統

薄紅硬學第三法則是方法法則。它包含兩個原則。

第一原則，要掌握方法的豐富種類。

現實生活中的情況是複雜的，方法也是多種多樣的，只有盡可能掌握足夠多的方法，才能充分應對每一種情況，不至於遇到問題時束手無策，無計可施。

從本質看，方法依次分化為區域方法、實質方法、性質方法和程度方法四大類。從區域的角度分析，做人方法首要劃分為不同的行為步驟，因此分為三大方法：調查方法、決策方法和執行方法。

每個區域方法，都包含一系列不同實質的比較獨立的方法。例如，調查方法包括觀察、分析、歸納客觀情況。決策方法包括需求驅動、人性驅動方法、因效制宜方法。執行方法包括交際方法、事中檢查方法、事後總結方法等。

每個實質方法，都包含一些不同性質的方法。一切性質首先都劃分為兩個基本種類：通常給人們帶來好處、受到大家讚賞的稱為正面事物；反之，通常給人們帶來壞處、受到大家批判的稱為反面事物。正面和反面事物作為基本事物，構成其他事物種類，既不正面也不反面的稱為中性事物，既正面也反面的稱為混雜事物。正面、反面、中性和混雜構成一個實質的主要性質。這種劃分方法稱為性質四分法。每個實質的方法，都有正反中雜四個主要性質。

每個性質的方法，都包含一系列不同程度的方法，如下所示：

相反性質——0度（極端小）——低度——中度——高度——極端大（相加性質）

其中，中度屬於多數情況。極端小的程度就等於零，事物的一種性質消亡，成為中性，聯繫著性質相反的種類。極端大的程度，在形式上看和低中高度一樣，但性質更加強烈，讓人感覺性質發生本質變化，屬於相加性質。極端方法在使用後，可能導致相反的效果。

個人都要掌握以上四大類方法，包括其包含的具體方法。其中，對於四個性質方法，更要加強思想印象。我在此強調的是，對於中性方法和混雜方法，個人也要重視和掌握。中性方法有時非常必要。如果不小心看到別人的尷尬事，不妨視而不見聽而不聞。

宋朝有一年，大臣李惟清被太宗從掌管全國軍事的樞密使位子上換下來，去當負責監察百官的禦史中丞，雖然是平調，但實際權力下降了，他認為是呂端在中間使壞。於是，一次上朝時，李惟清趁呂端有病在家休息，告了呂端一個惡狀。有人把這件事告訴呂端，勸他去對皇帝表白，或者去找李惟清算帳。呂端不以為然，淡淡地說：我沒有做什麼對不起人的事，不怕風言風語。這樣處理，就避免了無謂的麻煩。看似無所作為，其實也有利好效果。

同時混雜正面和反面方法的對峙方法，有時會解決棘手的問題，迎刃而解。雙方發生矛盾和爭執，並且勢均力敵，就應相互折中妥協，各退一步。歷史上發生一次著名的爭執，以至於不少史學家認為，它導致中英兩國錯失平等貿易的機會。

一七九三年，英國特使馬戛爾尼到達了中國，恰逢乾隆壽辰，於是希望為乾隆皇帝祝壽。中國官員都非常高興，認為這彰顯乾隆皇帝為萬國之主。但針對覲見乾隆禮節，雙方發生矛盾。中國官員要求馬戛爾尼按照中國禮節，即三跪九叩。但是，馬戛爾尼只願意按照覲見英皇的禮節，即單膝跪地，並親吻皇帝之手。乾隆皇帝聞訊震怒，讓和珅斥責馬戛爾尼狂妄無知，馬戛爾尼反駁道：如果中國使節對英皇三跪九叩，那麼自己也照辦。雙方僵持起來。

馬戛爾尼陷入了兩難之中，一方面作為征服了大半個世界的大英帝國使節，跪拜這個落後的東方帝王，有損帝國的臉面，一方面自己長途跋涉來到中國，目的是建立貿易聯繫，如果因禮節問題止步，則功虧一簣，因小失大。乾隆的心理也矛盾，自以為中國雄霸天下，其他國家必須服從自己，同時也想瞧瞧外國的東西什麼樣子。

最後，雙方都讓步，達成妥協：在第一次覲見乾隆時，馬戛爾尼實行英國禮節，不過去除親吻手背的程式。而在乾隆皇帝的「萬壽慶典」上，馬戛爾尼呈獻國書，遵循三跪九叩的中國禮節，另外贈送許多精巧的西方物品。

蘇聯衛國戰爭結束時，一位上將向史達林報告戰況，史達林聽後很滿意。上將說完戰況後張開嘴欲言又止。史達林問：「您還有什麼話要說？」上將小心地說：「有件私事。我從德國搞了些玩意兒，但是被邊境檢查哨扣下了。如果可以的話，我想要回來。」史達林馬上說可以。上將喜出望外，趕緊掏出事先寫好的報告，史達林批了意見：把那堆破爛還給上校。約•史達林。上將連聲道謝，又仔細看了批條，遺憾地說：「這裡有個筆誤，史達林同志。我不是上校，而是上將。」史達林冷冷答道：「不，沒錯，上校同志。」史達林一方面同意上將的不正當請求，一方面降職，使得那個將軍啞巴吃黃連，有苦說不出。

美國著名小說家馬克．吐溫在小說《鍍金時代》裡揭露了美國政府的腐敗和政客、資本家的卑鄙無恥。小說引起了社會轟動和媒體重視，他在回答記者採訪時，脫口說了一句：「美國國會中，有些議員是婊子養的。」

這句話立即引起軒然大波，議員們紛紛要求馬克．吐溫公開道歉，否則繩之以法，決不寬恕。民眾紛紛為馬克．吐溫擔心，他卻非常灑脫，在紐約日報上發表道歉聲明：「日前鄙人在酒會上發言，說美國國會中有些議員是婊子養的，事後有人向我興師動眾。我考慮再三，覺得此話不恰當，而且也不符合事實。故特此登報聲明，把我的話修改如下：美國國會中，有些議員不是婊子養的。」添上一個「不」字，道歉話把原話否定，看似恢復了議員的聲譽，其實具有此地無銀三百兩的混雜味道，讓人聯想到有些議員之外的「其他議員」是婊子養的。儘管有這個暗示，但是那些議員不敢再找碴，否則就等於自動套上婊子養的這個稱號，只能吃個啞巴虧，哭笑不得。運用這個混雜妙計羞辱敵人，馬克．吐溫實在高明之極。

第二原則，要掌握交際方法的系統。

交際方法就是個人同別人直接打交道的方法，屬於做人執行方法的主體。我們現在掌握幾乎所有的交際方法，幾乎所有書籍的觀點不過是相互重複而已，但是，給人的感覺就是紛亂迷茫，不知道選擇哪一個方法為好。原因在於，現在的處世理論把每一種交際方法進行分散獨立地處理。其實，每個交際方法之間具有相互聯繫，有機組成一個系統，上下隸屬，左右溝通。而且，無論英雄還是奸雄以及凡人，其交際方法都具有相同的系統形式。

交際方法系統包括縱向和橫向兩個系列。

縱向分為五個等級，級別越高，方法越抽象，具體事情越少，但統轄的範圍越廣泛。每個縱向等級都橫向存在著一個或多個不同實質的事情，形成不同實質的方法，包含四個性質的方法。

縱向第一級也是最根本、最高等的方法是自利的總則。我們知道，欲求是人一切行為的動力，而欲求的內在生命特性就是自利。因此，自利成為一切方法的起點和歸宿。自利派生出中性的自保、正面的無私和反面的自私以及混雜這四種外在方法。

第二級是原則，由自利本性聯繫基本欲求派生，形成美觀、自愛和博愛這三個原則。

人有五種需求，其中美觀需求、自愛需求和博愛需求屬於人類特有，區別於動物，因此昇華為交際方法的原則。而生存和享樂需求在背後發揮作用。

美觀原則的整套性質方法包括：正面的美觀，反面的醜陋，以及中性和混雜。

自愛原則的整套性質方法包括：正面的自愛，反面的自賤，以及中性和混雜。

博愛原則內容豐富，具體分化為尊人、真誠和善良三個原則。

尊人原則的整套性質方法包括：正面的尊人、反面的輕視以及中性和混雜原則。

真誠原則的整套性質方法包括：正面的真誠、反面的虛假以及中性和混雜原則。

善良原則的整套性質方法包括：正面的善良、反面的邪惡以及中性和混雜原則。

第三級是準則，由每個原則結合具體事情派生。美觀原則派生整潔和禮儀這兩個不同實質的準則。禮儀是做人表面形式的規則。有的反映自愛和博愛的內涵，但都歸類為人際交往中言談舉止的表面形式，因此併入美觀原則。例如，走路時要挺胸抬頭，不要歪歪斜斜，這有自尊要求，往往被泛化為美觀內容。

自愛原則派生自立、自尊、自信、名譽和指揮他人等準則；尊人原則派生謙虛、讚美他人、服從他人等準則；真誠原則派生誠實和守信等準則；善良原則派生不侵犯、寬恕、助人、報恩等準則。準則的整套性質方法也包括四種方法，例如助人準則的：正面的助人、反面的拒絕助人，中性的旁觀，以及混雜方法。

第四級是細則，是指準則包含的不同實質的具體事情。例如，助人準則包括正面的借給別人錢、幫人幹活，幫人消災等方法，反面的是拒絕別人借錢、拒絕幫忙、拒絕幫人消災等方法。

第五級是技術，是指細則實行的不同實質的方法，例如如何借錢，如何幫人幹某種活。每個事情的實際進行過程，都非常具體細緻，包括多個因素。從每個因素看，都有一個實質四個性質的方法。例如借給別人錢，從時間角度看有四種方法：正面的立即給錢，反面的拖延給錢，中性的平常給錢以及混雜。從數量角度看，有正面的全額和反面的少量。技術方法身上的道德善惡色彩已經非常淡薄，接近於零，好人和壞人幾乎一致使用。

總之，級別越高的方法，其包含的內涵越抽象，統轄的範圍越多，使用的次數越多，反之，級別越低的個別方法，使用的目標和次數越低。整個系統如同一顆樹，一個樹幹分出多個樹杈，每個樹杈又分出多個樹枝，每個樹枝又分出多個樹條，由粗到細，由少到多，又渾然一體。所有正面的交際方法構成社會贊同的正統的道德方法，例如真善美。必須強調指出的是，它們僅僅屬於道德方法，不是道德宗旨。道德宗旨是正義和諧，從目的和效果上不侵犯並幫助他人，而反面方法有時可以像正面方法一樣達到正義結果。

值得強調的是，從自己和他人兩方面同時衡量，道德規則可以歸結為克己利人，嚴己寬人，即嚴於律己，寬以待人。就是針對同樣的問題，儘量嚴格要求自己而儘量寬鬆要求他人，克制個人的自保自私而突出無私。而類似形式的嚴己嚴人、寬己寬人屬於自保，嚴人寬己屬於自私。相比之下，嚴己寬人似乎愛護他人而不愛護自己，偏向外人，「吃裡扒外」。

有些人覺得，這樣不是吃虧嗎？其實，這樣不僅可以收穫奉獻性的快樂，安慰良心，而且可以收穫名利回報。因為人性都是自保自利的。只有嚴於律己，寬以待人，從而給他人「額外」好處，才會感動他人，籠絡他人，以便在自己真正需要他人幫助時利用之。這在多數情況下的確適宜有利。例如，在處理困難問題上，要求個人自己儘量獨立解決，同時允許別人不獨立解決，而要求自己儘量幫助別人解決困難，自立——助人。你自立，不打擾人，卻幫助他人，大家會對你產生雙倍好感，也為繼續得到你的大好處，就會多多回報你。

李嘉誠宣揚一個秘訣：「有錢大家賺，利潤大家分享，這樣才有人願意合作。」假如拿10%的股份是公正的，拿11%也可以，但是如果只拿9%的股份，就會財源滾滾來。這如同買賣人的薄利多銷，當你超量給予別人的時候，實際上也是你更加超量得到的時候。因此，真正的英雄大度寬容，求己美而容人醜、求己真而容人假、求己善而容人惡，自謙而尊人、自立而助人、拒己恩而報人恩、律己惡而恕人惡等。

嚴己寬人屬於一種戰略性等價交換，先利人後利己，先害己後利己，先吃虧後沾光，我為人人，人人為我。所以，對立方法導致統一效果，愛人如愛己，害人是害己，自謙如自尊，尊人即尊己，助人是助己，律己為護己，恕人乃恕己。英雄和凡人都使用這套做人方法系統，但是英雄掌握的方法種類更加廣泛、細緻和強大，而凡人掌握的相對狹窄、籠統和弱小。

下面附錄交際方法系統的圖示。（圖二一）

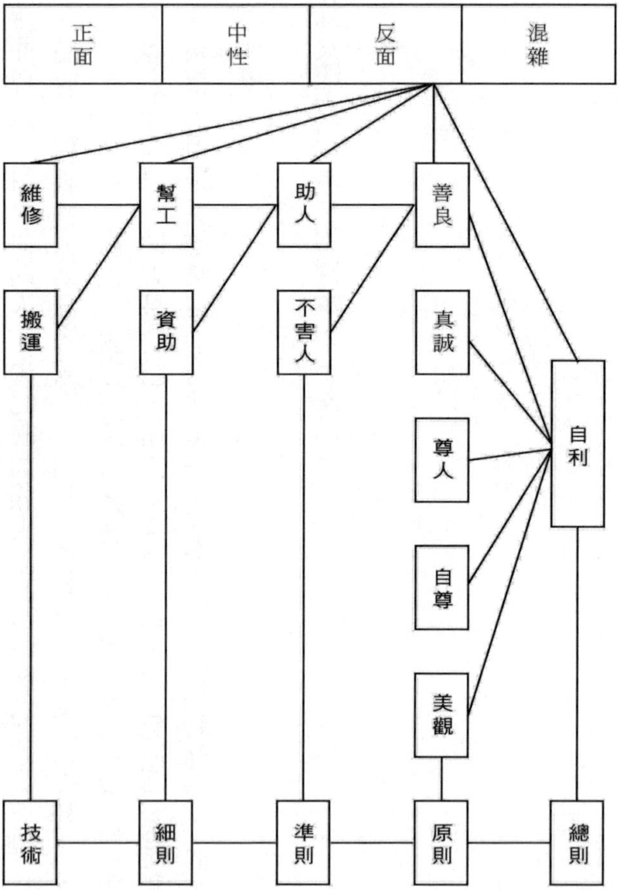

【圖二】

九、客觀法則

薄紅硬學第四法則是客觀法則。

所謂客觀法則是指，從客觀他人和社會的角度來選擇自己幹事業的目標和途徑。客觀法則包括六個原則：正視客觀力量、服從社會大勢、遵守國家法律與社會道德、他人本性自保、適應或改造環境、抓住機遇。

第一原則：正視客觀力量。

客觀力量是一種獨立的存在，主觀不可忽視其存在，不可為所欲為。有的客觀力量極端強大，會迫使主觀服從其意志。

做人處事，必須調查清楚客觀力量的情況，然後選擇相對應的對策。

第二原則：服從社會大勢。

英雄再強悍，也只是一個人。縱然心志無限，能力也有限。事業必然在社會環境下產生和完成。因此，社會人的心態、需求強烈制約著英雄對事業種類的選擇和實現途徑的選擇。

英雄必須服從社會大勢。社會需要哪種事業，就選擇哪種事業，不做與社會脫節甚至逆反的事業。社會支持哪種實現途徑，英雄就選擇哪種途徑。否則，逆反歷史潮流和社會大勢，如同螳臂當車，不會成就大事，反而身敗名裂。

第三原則：遵守國家法律與社會道德。

制約人們處世的規範有兩種：法律和道德。二者都屬於行為規範，法律由國家制定和保障，主要內容的實質是要求人們相互之間不侵犯，以構建安定的社會秩序。法律低等但明確和硬性，規則很清楚，人們必須執行，不同的人對法律的執行程度都差不多，因此顯得法律相對平凡。

道德由民眾制定和保障，道德宗旨是正義與和諧，要求人們不僅互不侵犯，而且相互幫助愛護，以構建和諧的社會秩序。道德高等但模糊和軟性，規則不是很明確，不同的人對道德的執行程度差距很大，因此顯得更寶貴。

而且，道德比法律更密切地連接人際關係，直接並強烈地決定英雄的事業發展。俗話說得好：一個好漢三個幫。即便是有天才的英雄，要做成自己的事業，也必須籠絡許多精英人物作為左膀右臂來輔佐，單槍匹馬是無法做成大事的。而要籠絡精英，英雄必須遵循道德規範，從內心敬重和愛護對方，對他們施加愛護行為，以自己的愛護換取對方的愛護。

許多事業內容本身都是宏大的道德行為，道德和事業渾然不可分割。例如，政治家剷除腐敗，軍事家消滅敵軍，企業家服務客戶，本身就是巨大的行善行為，充滿道德效應。這些都需要英雄具備對全社會全人類的大愛。

第四原則：他人本性自保。

人們有三種人性：自保、自私和無私。自保接近本能和天性的自利，屬於本性——根本的特性，人們之間沒有差別，差別在於自私和無私。社會上的絕大多數人屬於普通人，自私小，無私也很小。少數小人的自私大，無私極小。少數君子的自私極小，無私大。

英雄置身於社會，不會把他人看的太高尚：人人都是好人，都可結交，許多人都會無私愛護自己，讓自己發達；也不會把他人看得太邪惡：人人都是壞人，都不可結交，許多人會自私傷害自己，讓自己落魄。

英雄會冷靜地看待他人主要自保，就算非常親近的人，例如同事、上級甚至親人，他們都是主要為自己活著，自己不要想當然地認為他們會為自己做出巨大奉獻，誠如自己不會為對方付出巨大奉獻一樣。要想得到別人的巨大幫助，自己也必須為對方付出巨大幫助。

第五原則：適應或改造環境。

環境的力量往往大於個人自己的力量，因為環境包含許多其他人以及物資。因此，當自己覺得環境在束縛自己時，原因往往在於自己力量有些冒進。此時，自己就該削減那些冒進的力量，變得謙虛一些，低調一些，就會被民眾認可。實在不行，可以考慮換一個環境。

當然，如果環境力量落後於時代要求，自己又有超人力量，可以試圖改造環境，讓環境適應自己。

第六原則：抓住機遇。

所謂機遇，就是忽然遇到的特別有利的條件，可以提升自己的人生地位。機遇也是一種運氣，可遇不可求，十分難得。因此，當機遇擺到面前時，自己要抓住，要利用。

年輕人自身發展空間大，遇到的機遇相對較多，例如一次升學機會，一個好領導，一個新技術，甚至一個好姻緣。如果抓住一次機遇，都會改善自己處境。然而，年輕人的特點就是盲目自大，不肯為抓住機遇而放下臉面去請求，去順應，總是認為自己是天縱之才，以後肯定並容易地大發展，就冷漠機遇，放走機遇，以後機遇沒有了，淪為凡人一枚。

英雄雖然內心認為自己最優秀，但是處事方面是非常務實的，有機遇就抓住，抓住就利用，終於一步步崛起，走上頂峰。

有的人認為，英雄之所以獲得成功，是因為有好命運。在這裡，我們科學地分析一下命運這個事物。

命運分為好壞兩類。所謂好命運是指，自己具有一種超然能力，可以獲得大量有利的事物，不想要也會來。所謂壞命運是指，自己有一種超然能力，總會獲得大量有害的事物，想躲也躲不開。

其實，命運在一定程度上是存在的，是客觀和主觀相互混合的概念，逐漸從客觀偶然向主觀必然轉化。簡單說，命運概念的形成經歷幾個階段：

偶然——湊巧——機會——運氣——命運

人生接觸的實在因素極其複雜，例如自己的身體，各種生活用品，社會上許多的人和事。這些因素既具有必然的一般關係，又具有偶然的特殊關係。例如，人們可以科學解釋身高為什麼是一米七而非一米六，但是難以解釋為什麼是一米七八而非一米七九。你今天在單位裡碰到同事是必然的，但是下班後碰到就偶然了。

偶然大量存在，但對人們既沒有好影響，也沒有壞影響，因此難以引起人們興趣。當偶然對人產生生價值，就升級為湊巧，引起人們關注和反思。

好的湊巧屬於稍微有利於人們的偶然。例如，自己想和一個老同學見個面，敘敘舊情，可是缺乏聯繫方式，湊巧另外同學剛聯繫上他。

壞的湊巧有害於人們。有些壞湊巧會引起連鎖反應，像多米諾骨牌倒塌一樣，成倍地擴大破壞效果。例如，朋友兩個人約定到賓館見面商談重要事情。道路和天氣屬於一般環境因素，都好好的，可以預見約會成功。突然，一隻蜜蜂螫了朋友一下，朋友不得不進入醫院。仔細分析起來，這只蜜蜂雖然屬於環境因素，但是不能和道路、天氣相提並論，只能歸結為偶然因素；又給人們生活造成影響，必然影響人們的判斷，認為那種偶然不是一般的偶然，甚至不是偶然，就叫做湊巧吧。湊巧有點主觀的意味，但是主體仍然是客觀的。

當湊巧產生的價值非常巨大，就升級為機會，分化為機遇和遭遇。遭遇是指害處比較大的偶然事件，機遇屬於比較有利於人們的偶然，已經具有主觀和客觀相混合的意義了。例如，以前公務員從內部系統選拔，自己剛畢業，就碰上國家調整政策，社會人員包括大學畢業生能夠報考公務員。這就解決了自己的就業大問題。這種強大好處在思想上留下強烈痕跡，促使人們重視機遇，認為機會有點人性化，青睞自己。

當機會非常多或大，就形成運氣。好運氣就是非常有利的偶然事物，例如能熱情幫助自己發達的「貴人」，一個意外飛來的大訂單。壞運氣指向較大有害的偶然因素。例如，自己在上班的時候非常勤奮地幹完多數活，剛休息一會，就被領導撞見，奚落一頓。人們認為自己點背。

這常常引起人們的思考：為什麼這個好事情或者壞事情在我身上發生而不在他人身上發生？為什麼在我做某個重要事情的時空發生而不在其他時空發生？

既然這麼奇特美好的東西與我密切關係，那麼肯定由我引起，由我具有的某種條件引起；既然不是由我的一般條件，肯定由我所具有的一種特殊條件；這種特殊條件就叫做運氣吧。運氣已經完全轉化為主觀事物。

當好運氣眾多或者巨大，就會形成福氣，也就是好命運；反之沒有福氣，形成晦氣，壞命運。

例如，彩票中大獎的概率極其微弱。打個形象的比喻，如果要中高額頭獎，就如同一個人在一天之內被閃電兩次擊中。那些大獎得主真是幸運的寵兒。

有些人長期以來，工作、事業、家庭、婚姻，個個得意，事事順心，就被人們認為有福氣，命好。

某人受到上司垂青而升遷，又受到美女眷顧，再中到大獎彩票，眾人就認為其命好。而且認為他早晚注定會發達，今後也會萬事如意。

出生在高官達貴之家，嫁進富商巨賈之門，一生富足舒逸。人們會羨慕甚至嫉妒地說其命好。

與好命運相反，壞命運就是極大抑或頻繁有害的偶然因素。如果某人長期不幸，工作失業、事業失敗、家庭不和，婚姻破裂，丟失鉅款，遭遇車禍，就被人們認為沒福氣，有晦氣，命不好。有的小孩父母早亡，成長遭遇非常巨大的苦難。有的父母費勁心力，吃足苦頭而供養子女，子女剛剛飛黃騰達要回報父母時，父母卻遭遇意外而死亡，這被稱作壞命。

由上可見，經過一系列的思維轉化，偶然遇到的客觀事物，在人類企圖把握的心態下就變成主觀內在的必然事物了。即使本人沒經歷到大禍大福，但會注意到他人的，也會思辨，得出命運的觀點。

我們如何對待命運問題呢？其實，命運如蛛絲，雖然微弱但畢竟存在，因此可以把握。

一般來說，多付出、做好事會得到好機會和好運氣，少付出、做壞事會得到壞運氣。

付出多了，對某類事情的經驗增加，就會接觸到更多的客觀機遇，並且有能力認識機遇，有能力把握機遇。無數成功的事實證明，那些中彩票的人往往都是經常購買彩票的人。最終事業成功的人往往是長年累月不停奮鬥的人。可想而知，那些很少努力的人是很難碰到機遇的，即使碰到了也看不出。兩次獲得諾貝爾獎的居里夫人曾說：「我從來不曾有過幸運，將來也永遠也不指望幸運……我激勵自己，用盡了自己所有的力量應付一切……我的毅力終於占了上風。」

許多美女會感歎鄧文迪命運好，到美國竟然嫁給傳媒大亨默多克，即便離婚了也有巨額財富，仍然出沒於上流社會。其實，這一系列過程，更多依靠個人的努力和爭取。不是機遇找你，而是你找機遇。不是機遇朝靜止的你飛過來，而是運動的你朝機遇跑過去。

英雄之所以被人看做有好命運，真正的原因在於多多行善，多行薄紅方法。道理很簡單，良好的客觀資源往往集中在人手中。你多行善，別人就會多回報，資源逐漸的就會飛到自己手裡。

在中國開國皇帝之中，劉邦和朱元璋都是草民出身。二人共同特點就是慷慨仗義。劉邦從小就樂善好施，因此周圍聚集一批人物，如蕭何、曹參等人。

朱元璋從小放牛為生，長大後當過和尚。他參加郭子興起義軍之後，作戰勇敢，而且機智靈活、粗通文墨，因此得到郭子興的賞識，被調到帥府當差，任命為親兵九夫長。朱元璋打仗時身先士卒，獲得的戰利品全部上交郭子興元帥；得了賞賜，又說功勞是大家的，把賞賜分給大家，於是得到上下兩級讚賞。郭子興把朱元璋視作心腹知己，並把養女下嫁給他。從此，朱元璋成為起義軍統帥，最後成為皇帝。

十、調查原則

薄紅硬學第五法則，即最後法則是對策法則，面對實際做人事情與客觀情況，指導如何選擇方法，內容非常豐富。

人們常說，做事就是做人；實質上，做人也屬於做事。處理做人事情普遍具備三個程式：調查——決策——執行。因此，對策法則包括三個原則：調查原則、決策原則、執行原則。

調查是處理事情的第一程式，十分必要和重要。

《孫子・謀攻篇》中說：「知己知彼，百戰不殆；不知彼而知己，一勝一負，不知彼，不知己，每戰必殆。」意思是，在作戰時，既瞭解敵人力量，又瞭解自己力量，一百次戰鬥都不會失敗；不瞭解敵人力量而只瞭解自己力量，勝敗的可能性各半；既不瞭解敵人力量，又不瞭解自己力量，每戰必敗。

做人處世和軍事作戰一樣，都需要掌握主客雙方的「情報」。在這個前提下，才會做出合適的對策，獲得最大的效益。如果搞不清自己的情況和對方的情況，就會胡亂對策，最終得不到好結果。對於任何一個英雄來說，要合理任用下屬，前提條件必須是準確認識下屬的力量，這樣才會做到知人善任。

六四四年，唐太宗李世民在朝堂上評價大臣的優缺點：長孫無忌善避嫌疑，應物敏速，決斷事理，古人不過。但帶兵攻戰非其所長；高士廉涉獵古今，心術明達，面臨困難不改氣節，當官無朋黨。但缺乏直言勸諫；唐儉言辭辯捷，善和解人。事朕三十年，卻無有用的建議；楊師道性行溫和，自無過錯。而性格怯懦，急事慢事不可得力；岑文本性質敦厚，文章華贍，而引經據典，自當沒有說錯；劉洎性最堅貞，有利益；然其崇尚諾言，私於朋友。馬周見事敏速，性甚貞正，論量人物，直道而言，朕比任使，多能稱意，譬如飛鳥依人，人自憐之。

關於武將，李世民評價說：今名將只有李世績、李道宗、薛萬徹三人而已，世績、道宗不能大勝，亦不能大敗，萬徹非大勝則大敗。

李世民對每個人的力量特點都作出深刻評價，綜合看各具特色，精彩紛呈，有如此洞察力，不愧為一代英雄。

調查的內容是，觀察整件事情中參與的事物，看看主觀力量和客觀力量的情況。主觀因素就是指自己擁有的事物，包括主觀需求、實力和方法。客觀因素包括客觀對象、客觀主體、客觀環境三個事物。需要解釋的是，客觀對象有時是指某人，有時是指某人的語言、動作等；客觀主體是指語言、動作這些客觀對象所屬的主體，如做出某種動作的人；客觀環境是指對象和主體所在的空間環境以及其中的人與物。

主觀需求、主觀實力、主觀方法、客觀對象、客觀主體和環境屬於事先存在的基礎要素，決定著對策。對象屬於情況的首要與核心因素，屬於人注意的中心因素，需求、實力、方法、客觀主體和環境組成條件，配合對象，圍繞著對象而展開。

人們往往知道自己的情況，有什麼態度，有什麼能力。當然，不少人會高估自己的能力，也有個別人會低估自己的能力。自己可以在實際處事過程中檢驗自己對自己的估計是否準確。

調查有兩個步驟：

第一步驟：調查表面資訊。方法有許多，諸如：聽別人說話，看別人行為與表情等。

第二步驟：調查本質資訊。方法主要是根據表面資訊進行思維推理，推測他人的行為目的以及品德和能力等。一般來說，表面資訊和本質資訊一致，表面好則本質好，表面差則本質差。例如，當一個人氣質軒昂，顯得頗有尊嚴而又不傲慢，往往表明其有大志向大能力。當氣質怯懦，往往表明其人缺乏自信和才能。

英雄做人處世，非常注意對客觀情況的調查，會仔細觀察表面資訊，做到細緻和嚴密，不虛假不遺漏，然後嚴密推測本質資訊，講邏輯，不會想當然地武斷下結論。而凡人對許多事物的觀察馬虎，推理片面，結論自然不會真實。

調查過程中存在幾個特殊的問題：

- 第一，對於重點資訊需要反復驗證。例如，約好和朋友一起吃飯，對於時間和地點要反覆確認，不要怕麻煩。對於大領導的姓名要仔細確認。
- 第二，有些資訊的本質和表面無關，甚至相反。例如，有些客套話，改天請你吃飯等等，你聽後不必當真。有些話，語言熱情但表情敷衍，動作冷漠，其本質就不是熱情。有些話，是話裡有話，對此要仔細揣摩，務必找到真實與本質的資訊。
- 第三，有些特殊重大的資訊，狀態模糊，一時之間難以分辨真假，此時就要採取寧可信其有不可信其無的態度。而有些模糊資訊，可以採取寧可信其無不可信其有的態度。

• 第四，關於眼見為實耳聽為虛的規則。通常來說，眼睛看到的的確是現實。不過，眼睛看到的資訊只是表面資訊，要得到本質資訊必須再進行思維推理，這個過程就可能出現錯誤，導致眼看非實。

另外，有些東西是眼睛看不到的，比如你的心臟。眼睛看不到，心臟卻是客觀存在的。

關於耳聽為虛。這個也不是絕對真理。如果大家都說某人是好人，那麼他真的可能是好人，你不要輕易否認。

十一、因對象制宜

對策法則的決策原則是指，如何選擇方法以解決事情，包括三個準則：決策原理、決策機制、決策定理。

我們知道，需求是每個人做每個事的根本動力。凡是能夠保障需求滿足的事情與方法，人都會願意做；凡是能夠破壞需求的滿足事情與方法，人都會拒絕做。特殊情況下，當兩種不同需求發生矛盾，一種需求的現在情況和將來情況發生矛盾，人會選擇更大更強的需求。另外，自保、自私和無私三種人性也會驅動人們行為。需求驅動和人性驅動屬於決策原理。決策機制的準則是指：

根據決策原理進行決策的程式。在調查程式結束之後，開啟決策程式，包括四種模式與細則：

第一種：對簡單與緊急事情因對象價值制宜。

第二種：對複雜與嶄新事情因情況效益制宜。

第三種：對經常事情因情況價值制宜。

第四種：對同一對象因條件制宜。

第一種簡稱為因對象制宜，是指，遇到簡單與緊急事情後，根據對象本身的價值採取相應方法。所謂價值是指，一種客觀事物所具備的能夠影響主觀需求的能力。

價值的性質分為四個種類：對需求滿足而言，有利的是正面、有害的是反面、無害無利不正不反的是中性、既有利也有害亦正亦反的是混雜。

價值不僅有性質的區別，還有程度的區別。程度主要分為三層：低度、中度和高度。三層程度和四個性質組合成許多具體形式。例如，低度反面、高度反面、中度正面、高度正面、高度中性等形式。

如何衡量客觀對象的價值呢？就是主觀承受方式應對客觀對象的刺激方式，實質上屬於客觀對象的基本力量和主觀的基本力量進行對比。用數學公式表達如下：

客觀對象價值＝客觀對象基本力量÷主觀基本力量

＝（客觀對象需求×實力×方法）÷（主觀需求×實力×方法）

＝某種程度的某種性質的價值↓相等程度的相等性質的方法

所選擇方法適應於客觀對象，雙方往往實質相同，性質相同，程度相同。面對什麼實質的對象選擇什麼實質的方法，面對什麼性質的價值選擇什麼性質的方法，面對什麼程度的價值選擇什麼程度的方法。簡單說，以交際對交際，以善意對善意，以大善意對大善意。

如果對象符合自己需求，具有正面價值，個人會高興地關注；如果對象違背自己需求，具有反面價值，個人會痛苦地關注；如果對象既不符合也不違背自己需求，無關於需求，具有中性價值，個人就不予理會。對於混雜價值，既可能拒絕，也可能接納。

在個人的兒童時期，大量運用因對象制宜的方法，縱然遇到複雜的情況，同樣看做簡單情況，根本沒有經驗和能力去考慮相關的條件，因此很容易遭遇災禍。

成人在碰到緊急情況時，猝不及防，也會採取這種方法，有時顯得不適宜，例如夜黑走路時，突然竄出的小貓也會令人驚恐躲避。

當受到嚴重情緒刺激後，情緒淹沒理智，人對其他事情的反應也很簡單，甚至只考慮言語行為本身，而不管發出言語行為的主體是誰。例如，當個人因為一件事大為苦惱時，湊巧上級領導因為另一件事批評自己，自己會直接頂回去，不想想是誰在批評，為什麼批評，結果遭到領導厭惡。對此情況，個人必須警惕，冷靜從事。

十二、因效制宜

成人積累許多處事經驗，因此遇到複雜與新鮮事情後，就會拋棄第一種決策方式，運用第二種決策方式，簡稱為因效制宜。

因效制宜準則是指，遇到複雜與嶄新事情後，考慮多個方法，對導致不同效益的不同對策方法採取不同態度，選擇那種導致最大效益的對策方法。它包含下面七個步驟：為需而動——擇方而用——量力而行——預測回饋——盤算效益——決定方法——制定計劃。

第一步驟：為需而動，根據需求衡量客觀對象價值。

第二步驟：擇方而用，根據對象價值選擇對應方法。

以上的第一第二步驟等同於第一種決策方式。

第三步驟：量力而行，衡量自己實力是否可以支撐所選擇方法。

當自己實力足以能夠支撐所選擇方法，就繼續肯定此方法。否則，自己實力有缺乏，例如缺乏時間或體力或知識，不能支撐此方法，個人就會放棄此方法，回過頭去尋找新方法，然後繼續用實力來衡量新方法是否可能。

第四步驟：預測回饋，衡量這個方法導致的客觀回饋與價值。

自己要預測，當自己實行此方法之後，客觀主體和環境接收到自己這個方法，會做出什麼回饋。自己再衡量這個回饋對自己的價值如何。

第五步驟：盤算效益，盤算整件事情的效益。

效益是某種對策方法操縱整件事情時期，從開始到結束的總收入和總投入之間的差額。雖然一件事情涉及許多事物，但是每個事物都具有某種價值，都可以引起人相應的感情評價，如同感情貨幣，可以進行相互兌換，最終計算出整體效益。從過程角度看，整件事情包含三個環節：客觀對象刺激、主觀反應、客觀回饋，這三種價值就組成整件事情的效益：

某方法↓效益＝客觀對象價值＋主觀反應價值＋客觀主體回饋價值。

＝主觀總體收入－主觀總體付出

＝某種程度的某種性質的價值

第六步驟，決定方法，根據效益決定是否調整此對策方法。

如果效益小於0，人會放棄這種對策方法，進而增減程度甚至逆轉性質，尋找第二方法；如果效益等於0，人也會放棄這種對策方法；當效益稍微大於0，人會暫時保留這種對策方法，尋找其他更加盈利的對策方法。當效益最大時，人們會採用這種對策方法。

用公式表達如下：

某對策方法↓收入－投入＝效益＜0↓放棄

某對策方法↓收入－投入＝效益＝0↓放棄

某對策方法↓收入－投入＝效益＞0↓保留

任何種類的價值，包括尊嚴和慈善的價值，在人腦海裡都會引起相應的感情評價。這和金錢引起的感情評價，在生理層面上是一致的，因此可以相互博弈和兌換。

假如有個富翁揚言：誰願意讓我當眾罵一頓，我會付給十塊錢。大家會覺得金錢怎麼能和尊嚴相提並論呢，如果自己接受會被人鄙視，這是賠本買賣，一致嗤之以鼻；富翁再揚言：我付給一萬塊。有人會盤算金錢和尊嚴哪個更重要；富翁最後揚言，我付給一百萬。大家聽後一哄而上，爭著挨罵，這是賺便宜的生意，否則顯得呆板。

大家給一個遭受大難的同事捐款時，也會盤算：讓我捐一萬，我會捨不得，大家也不會責備我；讓我捐一千，我會考慮，畢竟他是我熟悉的同類，看到他受罪自己內心難受；如果一百塊錢就能救他的命，我再不捐款，自己就會良心不安，我還算人嗎？

被上級斥責後，下級內心怨恨，就想反駁。預測，自己反駁後，會得到被領導開除的後果。就盤算整體效益，被上級斥責如同丟失一元錢痛苦，反駁讓自己獲得二元錢的快樂，接著得到四元錢的被開除，下屬覺得總體上吃虧了。另外一種方法是，不反抗領導的斥責，這樣有丟失一元錢的痛苦，但會保住四元錢的不被開除之快樂，總體上賺了，因此決定不反駁。

當一種對策方法的各種性質和程度都不適合，自己就要另外尋找其他實質的方法。例如，一個人對自己有怨恨，自己想化解這種怨恨。首先對策是當面解釋或道歉；如果對方不接受上面方法，就贈送禮物；如果前面方法還不奏效，就找對方器重的人說和。值得強調的是，如此採取的對策也許是曲折和綜合的，但是最終發出的力量必須是貼合客觀對象的。

第七步驟：制定計劃，制定具體詳細的對策實行計畫。

一個完整的對策，實際上包含非常具體詳細的內容，形成一個系統，包含許多小步驟。第一小步驟做什麼？如何做？做到什麼程度？第二小步驟幹什麼？出現意外怎麼辦？是否需要替補方案？這些都需要計畫好，以免出現差錯。

當決策結束後，就會進入執行階段。人要仔細觀察自己方法施行後的客觀反應情況，根據實際效果判斷自己方法是否合適，不合適就重新尋找方法。

綜合以上步驟，尋找方法的核心模式是根據客觀力量的刺激和主觀力量的承受之間比值，確定反應方法。人如何反應，就看主觀和客觀雙方力量的對比。用數學公式表達為：

對策方法＝客觀力量刺激÷主觀力量承受

＝（客觀對象力量＋客觀本體力量＋客觀環境力量）刺激÷主觀需求×主觀實力×主觀方法

英雄和凡人都使用一樣的決策機制，但凡人容易犯下以下錯誤，而英雄會避免。

凡人第一錯誤是，面對複雜問題只使用第一種決策方法。有些凡人遇到問題後，只考慮對象價值，很少考慮甚至不考慮條件的價值，不管自己能力是否能夠支撐，不管客觀回饋如何。這種凡人屬於永遠長不大的孩子，思維單純，被人們冠以「大傻子」「二愣子」的綽號。例如，對於別人的讚美，個人都會感謝，如果讚美來自上級，自己的感謝要相應提高。對於批評，人們往往都很反感，出言辯解，但是批評來自領導，人們應該虛心接受，即使有反感也要憋著。英雄往往不會僅僅考慮對象本身價值，而是注重對象背後的價值，因此站得高，看得遠，想得深。

凡人第二錯誤是，遇到問題，想出的對策方法非常少，而英雄會想出許多對策方法，然後充分比較各自效益。

凡人第三錯誤是，盤算效益時，考慮的客觀反應以及影響主觀的範圍非常窄小，而英雄考慮的範圍非常廣泛。

碰到一個問題，把這個問題本身解決掉，處理好，這叫有良好效果。同時，我們要考慮效益，解決某個問題必然會引起其他問題，例如自己付出代價的問題。因此，理想的方式是，既要注重效果更要注重效益，既要解決原來的問題，又要付出最小代價，消除次生的問題。如果次生問題比原來問題還要大，還無法解決，那就不如讓原來問題存在。

凡人第四錯誤是，「小富則安」，找到一種盈利的對策後，儘管盈利很小，也不再尋找其他更高級的對策。其實，有些事情存在一些更大盈利的對策，值得尋找出來。英雄總是積極探索，不滿足於既定成就，總是思考和嘗試其他更好的對策方法。

凡人第五錯誤是，在正確地決定對策方法的種類之後，擅自提高對策方法的程度。

其實，過猶不及，適得其反。例如，對待一個嚴重侵犯你的人，你可以採取報復方法，但是程度要適當，不能過分報復，不能往死裡整。否則，引起對方拼命反報復，重創自己，或者自己犯下大罪，把自己也搭進去，賠本買賣。再如，對待領導要尊敬，這應該，但是過分尊敬，就讓人看不起，甚至令人懷疑，自己有不良企圖，最後遭到領導冷遇。

英雄處事，不僅注意反應方法的種類與條件搭配，還注意反應方法的程度與條件搭配。如果該用三分程度就用三分程度，這就叫恰到好處，適宜效果；否則，該用三分而用一分，就是欠缺、欠妥；該用三分而用五分，就是過分、過火。誠如孔子所言，過猶不及，都屬於錯誤偏頗。一言概之，恰到好處為好，過猶不及皆壞。

日本歷史上的名將石田三成曾在觀音寺謀生。一五七四年，石田十五歲時，一次時任長濱城主的豐臣秀吉外出打獵，口渴至該寺喝茶。石田認出他是城主後就細心接待，在倒茶時，石田奉上的第一杯茶是大碗的溫茶；第二杯是中碗稍熱的茶；第三杯是一小碗熱茶。

豐臣秀吉不解其意，就問他，石田解釋說：這第一杯大碗溫茶是為解渴的，所以溫度要適當，量也要大；第二杯用中碗的熱茶，是因為已經喝了一大碗不會太渴了，稍帶有品嚐意思，所以溫度要稍熱，量也要小些；第三杯，則不為解渴，純粹是為了品嚐，所以要奉上小碗的熱茶。

大人物平時把金山銀山也放不到眼裡，口乾舌燥時就把一杯清茶放在心裡，把一杯適宜的清茶放到心尖裡。豐臣被石田的體貼入微和精細頭腦深深打動，於是將其收歸自己幕下，使得石田成為一代名將。

十三、因價制宜

第三種決策模式簡稱為因價制宜，也就是對經常事情採取因事制宜，針對不同價值的不同情況採取不同對策方法。

當嶄新的事情多次遇到，就變成經常遇到的事情。至此，人也認識到客觀對象、主體和環境以及整件事情的真正價值，以後見到類似事情就不用預測方法和效益，而是直接根據客觀對象的綜合價值決策方法。

經常遇到事情的決策過程是，首先衡量客觀對象本身價值，其次衡量其他客觀因素的價值，這構成客觀對象的的潛在價值。兩種價值疊加就構成客觀對象的綜合價值，這也屬於整件事情的價值。對象雖然只是一個因素，但是屬於核心因素，可以吸引其他因素的價值。整個事情的價值最後都歸結到對象身上，也只有這樣，方法才有集中的目標。綜合以上步驟，其數學公式為：

事情價值＝（對象力量＋客觀主體力量＋客觀環境力量）÷主觀力量

＝對象本身價值＋（客觀主體價值＋客觀環境價值）

＝對象本身價值＋對象潛在價值＝對象綜合價值

＝事情整體價值→對策方法

現實社會中，事情的情況複雜多變，但是都具有價值屬性，分為正反中雜四類。處在正面情況下，面對有利的對象就採用正面的對策方法，更有利的對象採用更高度的正面對策；反之，處在反面情況下，面對有害的對象就採用反面的對策，更有害的對象採用更高度的反面對策；面對中性價值就採取不理睬的中性對策。如此搭配就會始終適宜，永遠自利。

混雜類型的情況比較複雜，包括三個具體的種型：模糊、對撞和對峙。

模糊情況是指看不清客觀因素的價值屬性是好是壞，是大是小，對此往往採取拖延對策，等到事情清楚以後確定如何對待。

對撞情況是指，正面和反面的價值都很巨大，二者博弈激烈，最終結果包含正面、反面和中性多種可能的價值，必須在最後做出一種選擇，確實令人為難。人們要全盤考慮，仔細衡量，做出決斷。

對峙情況非常特殊。一切事情都會收入並支出價值，呈現有利與有害、快樂與痛苦之間的矛盾鬥爭，只不過程度不同而已。多數事情都有一個共同的特點：各種價值矛盾可以協調，能夠相互壓制或融合，整個事情價值總和的性質非常單純，要麼是有利壓倒有害導致正面的有利結果，要麼是有害壓倒有利導致反面的有害結果，要麼是有利和有害相互抵消導致中性的無利無害。例如，一個人以前愛護過自己，自己很感激他，現在又侵犯了自己，恩怨扯平，自己既不喜歡他，也不憎恨他，或者恩德超過怨恨，自己仍然愛戴他，或者怨恨壓過恩德，自己變得怨恨他。

如果一個人對自己具有特殊的恩德和傷害，自己就對他愛恨交加。這就變成另外一類做人事情：混雜類中間的對峙事情，某些有利和有害的價值矛盾難以協調，無法融合抵消，誰也滅不了誰，誰也幫不了誰，同時存在著作用著，如同一鍋夾生飯，生的熟的混雜在一起，吃不得丟不得。

相應地，針對混雜對峙事情的方法也是矛盾的，正面和反面方法同時交織或先後交替在一起。混雜對峙事情雖然比單純事情少，但是作用不容忽視，處理不好就會造成遺憾或禍害。

當一個人向你借一萬塊錢，你既想借給他又有些擔心，就只借給他五千塊錢。自己對一個人既懷疑又信任，在派他做事時就可以暗中監督。當兩個下屬發生爭吵，往往是只批評哪一個都不好，領導要麼和稀泥，要麼各打五十大板。

有一個流傳很廣的笑話：古代齊國有個漂亮女孩，兩家同時來求婚。東家的兒子很醜但是腰纏萬貫，西家的兒子很俊但是一文不名，各有優點與缺點。女孩的父母陷入兩難，不能決定選誰，就去問女兒想嫁給哪個。女孩害羞不好意思回答，母親就說：你想嫁哪個就伸出哪邊的手。結果女孩伸出兩隻手。母親奇怪地問她原因，女孩說：「我想在東家吃飯，西家住宿。」母親感覺又好氣又好笑。

這個故事看上去是一個笑話，但卻不失為一種取向，只要不是明確的二擇一，就可以兩全其美，兼得魚和熊掌。

後漢順帝時期，蘇章任冀州刺史，奉旨查辦清河郡太守，他也是自己的老朋友。蘇章到達清河之後，立刻邀請太守，設宴款待。

太守知道蘇章是來調查自己的貪污事情，開始忐忑不安。蘇章一邊喝酒一邊訴說往日的友誼，顯得情意融融，沒有絲毫責備太守的意思。太守認為蘇章肯定會偏袒自己，於是喜悅地說：「人們都說民以食為天，而我卻以老朋友為天，所以我就有兩個天了，什麼都不怕了。」

蘇章知道太守的話另有他意，即不查辦自己，於是嚴肅地說：「今天我以老朋友的身份和你暢懷痛飲，一敘舊情，為的是報私恩。而明天我以冀州刺史的身份追查你貪污之事，為的是執行公務，公私兩者界限分明，不可混淆。」太守一聽酒意全消，冷汗直冒，恐慌離席。

第二天，蘇章立即認真調查此案，最後證實老朋友確有貪污之事，依然按照法律將其治罪，受到民眾讚揚。蘇章私事私辦，公事公辦，兩不耽擱，相得益彰。

現在很多人當了老闆和領導，如何管理那些既有個性又有大才的人很頭疼。用人都想用能人，不過這類人都容易滋生一些毛病，即「智者多詐，勇者多怒」，人才多數有個性，蠢材多數是溫順。要使人才真正地發揮作用，就必須做到恩威並施，剛柔相濟，兩手都要硬，一手拿著胡蘿蔔，一手拿著大棒，恩威並施，既懷之以德，又嚴之以法，使他們揚長避短，各盡其用，效果奇佳。

請看曾國藩是怎樣馴服劉銘傳和陳國瑞的。劉銘傳和陳國瑞都是曾國藩手下的得力大將，但是個性都非常突出，桀驁不馴。一次，陳國瑞貪戀劉銘傳軍隊中的洋槍洋炮，竟然搶劫，雙方廝殺起來。後來，兩個人便在曾國藩面前打起了官司。

聰明如曾國藩也陷入兩難，處理起來深不得淺不得，淺則無濟於事，兩人都很頑固驕橫；深則影響二人對自己感情，於己不利，因為自己今後還要依靠兩人作戰。思慮再三，決定對兩人打一棒子給個甜棗，這才是萬全之策。

於是，曾國藩召見劉銘傳，進行嚴厲斥責，嘴上說得狠，手上做得軟，不予追究，既讓他心生畏懼，又心生感恩，不生怨氣。這一招果然管用，劉銘傳心服口服外加佩服。不久，曾國藩就調他獨自赴皖北圍剿捻軍，以免再和陳國瑞摩擦。

對於陳國瑞，曾國藩更加不客氣，首先極其嚴厲地歷數他的暴行，痛斥其驕縱蠻橫，並且表示：如果以後膽敢再犯錯誤，就會上告皇帝撤職查辦，決不寬恕。看到陳國瑞灰心喪氣了，曾國藩突然話鋒一轉，表揚他還有優點，很勇敢、不好色、不貪財，因此大有前途，千萬不要莽撞行事而自毀前程。陳國瑞又振奮起來，表示絕對服從曾國藩教導。陳國瑞以後為曾國藩立下赫赫戰功，成為著名猛將。

曾國藩對待二將恩威並用，給我們很好的啟示，對待一些特殊人物的態度不能非軟即硬，非硬即軟，不軟不硬，可以也硬也軟，來個二合一。

十四、因條件制宜

在現實社會中，會經常遇到同一對象不同條件的事情。其對策方法是，因條件制宜。

首先，我們對條件進行界定與劃分。條件通常包括主觀需求、主觀能力和客觀事物三個要素，此時後者排除了對象。

為方便整理，也把對象的程度劃入條件範疇，這樣，對象範疇只剩下對象性質這一個因素。在沒有得到對象性質的配合下，條件對於人無法產生具體和完整價值，也就無法按照正面和反面價值進行劃分，但是可以進行內部相對劃分。

涉及同一對象種類的條件，按照性質，主要分為四大種類。

對於每個性質的對象而言，經常大量發生的條件是普通的，對象的程度也是一般的，個人需求一般，個人實力一般，雙方關係一般，這種條件本身的價值對於人們個人來說往往稍微正面。例如，個人對自然環境和設施熟悉且關係稍好，個人對周圍人群熟悉且關係稍好，個人對自己熟悉且關係稍好，即對自己信任和喜愛。

這種條件就稱為正常條件，和其他條件相比沒有特別價值，既沒有特別的好處，也沒有特別的壞處，沒有特別的利害。例如，遇到別人讚美，正常條件下的情況是，讚美的程度不大，自己和對方熟悉，有感情。遇到別人指責，正常條件下的情況是，指責的程度不大，自己和對方熟悉，有感情。

與正常條件相比，少量發生的，客觀上有其他損害，或者自己缺乏實力，或者自己品德很低，最終導致條件具有特別損害的價值，稱為反常條件。

與正常條件相比，少量發生的，客觀上有其他利好，或者自己實力超強，或者自己品德超群，最終導致條件具有特別利好的價值，稱為超常條件。

和個人價值無關的條件，對象價值發揮不出來，稱為中性條件，例如在馬路上碰到一些行人，看一眼就忘掉。對此不做論述。

正常、反常和超常以及中性的條件相互混合，稱為混雜條件。以上四個性質的條件各自包含低度、中度和高度等程度。

我們探討問題，多數涉及的條件是五種：正常、超常、反常、嚴重反常以及混雜條件。同一對象處在不同條件下組成不同的情況，具有不同的價值，適用不同的方法，用公式表達如下：某種對象＋某種條件＝某種情況＝某種價值→某種對策

一個對象具有本身價值，置身於條件，形成綜合價值。任何一個對象的綜合價值的性質會隨著條件的改變而改變，對策方法的價值性質也會隨之改變，在一切情況下總體包括正面和反面等四種。因此，針對一種對象，在條件未定或未知的時候，事先要準備正反中雜四種對策；在條件確定後要選擇一種對策。例如，面對諾言，事先未定條件下，個人要準備真誠的信守和虛假的放棄等四種方法；條件確定後要選擇其中一個方法。

任何一種對象，在正常條件下適用某種對策方法，但是在特殊條件下，就可能適用價值性質逆轉的對策方法。

一種正面對象，在正常條件下具有正面價值，適用正面對策方法，但在反常條件下

可能具有反面價值，適用反面對策方法。

一種反面對象，在正常條件下具有反面價值，適用反面對策方法，但在超常條件下可能具有正面價值，適用正面對策方法。例如，一個壞人在正常條件下往往形成反面情況，具有反面價值，你對他要冷淡；壞人在反常條件下更壞，你對他要痛恨；壞人在超常條件下可能變得有利，你要善待他。比如頂頭上司人品很壞，你不得不討好他，在表面上把他的諷刺當做善意的批評鼓勵；壞人在混雜對峙條件下既有利也有害，你既要討好他同時也要約束他。

正面對象的性質多數是普通的，不很大；正常條件可以看做具備低度正面價值。因此，性質普通的正面對象，其條件和對策變化情況，有下列大概公式：

正面對象＋正常條件＝正面價值↓正面方法

正面對象＋超常條件＝嚴重正面價值↓嚴重正面方法

正面對象＋反常條件＝中性或反面價值↓中性或反面方法

正面對象＋嚴重反常條件＝反面價值↓反面方法

正面對象＋混雜條件＝混雜價值↓混雜方法

例如，針對別人稱讚自己，如何因條件制宜呢？其邏輯形式如下所列：

1、「稱讚」對自己有正面價值。

2、正常條件下，稱讚不大，自己和對方熟悉，有些良好感情，具有低度正面價值。

3、整體情況具有低度正面價值。

4、對策方法同樣要具備低度正面價值，稍微感謝對方。

反面對象的性質多數也是普通的，不很大；反常條件可以看做具備反面價值。因此，性質普通的反面對象，其條件和對策變化情況，有下列大概公式：

反面對象＋正常條件＝中性或反面價值↓中性或反面方法

反面對象＋超常條件＝正面價值↓正面方法

反面對象＋反常條件＝反面價值↓反面方法

反面對象＋嚴重反常條件＝嚴重反面價值↓嚴重反面方法

反面對象＋混雜條件＝混雜價值↓混雜方法

例如，針對別人指責自己，對策的邏輯形式如下所列：

1、指責對自己有反面價值。

2、正常條件下，指責不大，往往有根據，目的是為解決問題，而且態度溫和，措辭低調。自己和對方熟悉，有些良好感情，具有低度正面價值。

3、整體情況具有中性價值或者低度正面價值。

4、對策方法具有中性或者低度正面價值，沉默以對或者點頭說，我知道了。

值得強調指出的是，任何一種對象處在條件的變化海洋中，其價值和對策會反覆變化。例如，壞人在不同條件下會反覆產生有利和有害價值，對策也要反覆：

對壞人，處在正常條件下，要堅持中性方法，既不示好也不示壞。

對壞人，處在超常條件下，要示好，如壞人有權。

對有權的壞人，處在反常條件下，要使壞，如有權的壞人特別壞。

對有權的特別壞的壞人，處在超常條件下，要示好，如具有共同的死敵。對具有共同死敵的有權的特別壞的壞人，處在反常條件下，要使壞，例如自己獲得另外強大助力。

在理論上，以上的邏輯可以無限制推演下去。由此可見，幾乎任何一個觀點和規則，其合理性都受到條件的嚴格約束。如果條件變化，既有的規則就失去意義，必須改變。當然，規則越單純，適用範圍越大，發生概率越大；規則越複雜，適用範圍越小，發生概率越小。

相傳，清朝大畫家和書法家鄭板橋有一次途經一座寺廟，在寺院中與老方丈攀談起來。老方丈見鄭板橋衣著簡樸，其貌不揚，認定是個凡人，難免些冷淡，只對他說聲：坐，又對身邊負責伺候的小和尚說：茶。經過一番交談後，老方丈發現鄭板橋談吐不凡，知識淵博，才思敏捷，不像平庸之輩，於是將鄭板橋請入廂房，熱情地說：請坐！吩咐小和尚說：敬茶！又聊了一會兒，老方丈認為對方肯定屬於高人，趕緊詢問姓名，得知對方竟然是大名鼎鼎的鄭板橋，老方丈大喜過望，連忙將他請入清雅的內室，恭恭敬敬地說：請上坐！並吩咐小和尚：敬香茶！談話結束後，老方丈懇請鄭板橋賜字。鄭板橋隨手就寫下這樣一副對聯：

坐，請坐，請上坐

茶，敬茶，敬香茶

對聯表現了老方丈剛才對待鄭板橋的態度變化，老方丈看完羞愧滿面，尷尬不已。其實，老方丈的做法沒錯，人們都是這樣做的，三層人適宜運用三層態度，對沒給自己帶來好處的人就怠慢，對能給自己帶來小好處的人就客氣，對給自己帶來大好處的人就殷勤。只不過連續變化態度，就顯得過分勢利眼，令人不滿了。

美國著名幽默作家馬克·吐溫有一次在教堂聽牧師演講。開始，他覺得牧師講得很好，聲情並茂，有理有據，自己很感動，打算多捐款。過了半小時，牧師還沒有講完，而且內容反覆，陳舊無聊，馬克·吐溫有些不耐煩了，決定只捐一些零錢。又過了半小時，牧師更加絮絮叨叨，於是馬克·吐溫決定一分錢也不捐。終於，牧師結束了冗長的演講，開始募捐，馬克·吐溫不僅未捐錢，還從盤子裡偷了二元錢以洩私憤。

馬克·吐溫的做法看起來荒唐又合乎情理，我們都是根據自己所得價值的變化而變化態度。

最後必須強調指出，同一對象因條件制宜這個決策模式的關鍵是，事件的價值發生重大變化，因此方法隨著變化。在現實生活中，許多的情況變化只是形式的變化，而實質價值沒有變化，或者變化極小，對此就應該維持原來方法，以不變來應變。

十五、決策定理

決策定理反映的是決策過程中的一些根據，指向外在和表面因素，本身包括許多方法，主要包括九個準則：結交各種人物、人情等價交換、善於拉攏精英、廣撒網多投入、極端投入、先做緊急與重要事情、有條理有步驟、一切必要方法、正面且中庸方法為主。

第一，結交各種人物準則。

事業屬於一項巨大長期的工程，需要各種力量的支持，才會成功。

現實社會是複雜多彩的。不同的人具有不同的力量。而許多個人的力量呈現許多方面，一種力量有益於英雄所做的事業，而其他部分無益於英雄事業，甚至與英雄的價值觀相抵觸。這時，就看出英雄的眼光之毒，胸懷之大。

英雄志在事業，為實現事業可以採取一切必要手段，因此會結交各種人物，包括自己在內心不喜愛的人物。可以說，幾乎天下之人，皆可被英雄所用。

一些年齡、文化有差距的要結交。一些能力低的、身份低的要結交。性格有些孤僻的人要結交，稍微不自尊甚至稍微自私的人也可以結交。目前沒用以後可能有用的人也要結交，以提前培植人脈，否則臨時抱佛腳，就無濟於事。

當然，英雄結交不會選擇一切人，沒必要，有風險。那種非常自私的人，出賣國家利益的人，是不可結交的。

與英雄不同，凡人在人生過程中，對他人形成自己的愛憎觀，從而影響對相關人物的籠絡，喜歡的就結交，厭惡的就避開，不考慮對自己事業的影響，這就造成人脈的單薄。

第二，人情等價交換準則。

在籠絡人的過程中，自私、無私和自保都在發揮作用，但主導地位是自保。人本性自保，自己是自保的，別人也是自保的；男人是自保的，女人也是自保的；富貴者是自保的，貧賤者也是自保的；君子是自保的，小人也是自保的。這天然決定人際交往的主體屬於中性的等價交換。因此，交換往往是公平的，所謂投桃報李，如同市場買賣，你給我一分錢，我給你一分貨。你輔佐我，我給你權力和金錢。你稍微輔佐我，我給你小權力少金錢。你今天給我幫助，我明天給你幫助。你幫助我的多，我回報的多。如果我不回報，就會感覺欠下人情債，顯得自己沒本事償還，掉價丟面子，還無法得到對方繼續幫助，因此我必須回報。

如果人本性無私，那麼就不用交換，因為別人會單方面主動給你好處，你不用付出代價。如果本性自私，也無法交換，你給別人好處，別人不回報，你白白付出代價，自然無法持續。

不過，自私和無私也會參與人際交換，結果顯得不絕對公平。自私的人總會多占對方便宜，無私的人總會多給對方恩惠。

但是，本性自保決定了，在自私和無私參與情況下的交換，注定保持相對公平。交換會在一定基礎上保持正比例。可以說，人際交換以自保為中軸線以無私為上限以自私為下限上下浮動。有一個變動係數。無私的人在給對方很多回報時，不是無節制的，也會考慮對方曾經給自己多少幫助，得到一份價值就回報兩份價值，得到兩份價值就回報五份價值。這屬於相對公平的良性交換。至於網路流傳的一把椅子換取一份大訂單的故事，也屬於公平交換，因為在財大氣粗的訂單主人眼裡，大訂單的價值比一把椅子高不了多少。

自私的人在給對方很多勒索時，也不是無節制的，也會考慮對方的承受能力。如果勒索太多，嚴重威脅到對方的自保性，逼得對方報復，就會威脅到自己的自保性，於是會按照對方與自己的關聯程度實行勒索，付出一份價值就勒索兩份價值，付出兩份價值就勒索五份價值。這屬於相對公平的惡性交換。

另外，有些人際交換是跨時空的。你今天幫助我，我感恩在心，以後有機會回報。這種交換具有極大的偶然性和不確定性。

總之，用公式表達人際交換如下：付出=係數×收入（對方付出）。

擴展來看，任何兩個人之間任何一個交際事情，內在的原則都是交換。交換支配著一切人際關係的建立。

就算是個別事情的處理，也是交換。你侵犯我，我報復你，之後你不再反報復，我不再追加報復。英雄結交人物，善於利用人情交換原則，主動給人好處，不是坐等別人擁護。英雄給生人以小好處，換來小好處；給熟人大好處，換來大好處。即便身居高位，英雄對下層人也會給予恩惠，自然得到民眾支持。

第三，善於拉攏精英準則。

對於某方面的精英高手，英雄會下血本拉攏。那些高手的主要人性也是自保的，當收到英雄的巨大恩惠後，為感恩，為繼續得到恩惠，許多高手會回報英雄，敬仰他，擁戴他。如此一來，英雄事業就容易成功了。例如劉備三請諸葛亮，以皇叔之尊貴去請當時的農夫，終於三分天下有其一。反之，刻薄冷血，小恩小惠，是難以收買高手人心的。

英雄拉攏精英有許多具體方法，主要是運用重金。精英也是人，也有家庭親人，需要錢財來獲得生存享樂，因此看重錢財。有些精英喜歡權力，那就給他權力。有些高手喜歡面子，那就給他面子。有些高手全部喜歡金錢、權力和面子，那就統統給他。

第四，廣撒網多投入準則。

謀劃一個事業，爭取巨大成功，英雄都會採取「廣撒網」多投入的準則。其核心觀點就是，在做大事之前就儘量多地結交有力量的人物，或者儘量多地做鋪墊事情。因為，處理事情總是具有一定的不確定性，尤其對於幹大事，多少投入能夠換來多少收入，二者沒有絕對和明確的因果聯繫，也令人無法準確預測；所以，只有多投入，才會增加成功的確定性。如同在水裡撒網捕魚，水下面有沒有魚，有多少魚，看不清楚，多撒幾網，捕到魚的可能性就增加，多捕到魚的可能性就增加。

廣撒網的準則要求，英雄必須具備一定的賭博心理，捨得投入，凡是以後可能有用的人物都要提前結交，以後可能有用的事情都要提前佈置。英雄做人不會太功利，不會企圖在一個人一件事情上謀求絕對和大量回報，而是謀求在多個人多個事上有一個回報。

做完大事之後回頭觀察，英雄所投資利用的某些個別人或者個別事情沒有用處，算是無效投入，但是其他人和其他事情都是有效投入，起到作用。問題在於，在開始階段，英雄乃至任何人無法嚴格預測：哪個人哪件事以後有用，什麼時間有用；哪個人哪件事以後沒用，任何時間都沒用。更玄妙的問題是，有用的人和無用的人之間存在相互影響的關係。對沒用的人，英雄也結交，此事被有用的人看到，就會覺得英雄此人廣交朋友，有大德有大能，值得結交。這種關係更加說明，廣撒網很重要。從本質上看，廣撒網同樣講究效益，不過是從所有結交者的整體角度去看待效益，不會從單個人的角度去看待效益。

與英雄比較，凡人捨不得投入，喜歡把已經擁有的資源緊緊握在自己手中，不願意拿出去。即便拿出去，也要有明確的回報。這種小家子氣自然幹不成大事。

第五，極端投入準則。

所謂極端投入，就是為做成某件大事，把自己手中掌握的相應一切資源都投放出去，甚至不惜借人情債、資金債去爭取更大的成果。

與多撒網比較，極端投入是針對一個目標，而廣撒網針對多個目標，投放的資源都很多，可謂異曲同工。相比而言，極端投入面臨的風險更大，更需要賭徒甚至瘋子心理做支撐。

凡人都缺乏冒險和投機心理，只想安安穩穩發財，這必然發小財，發不了大財。而英雄知道，要想功成名就，必須幹大事，進而必須付出超越凡人的極端投入。

第六，先幹緊急和重要事情準則。

有時候，會碰到許多交際事情碰到一塊的情況。怎麼辦呢？顯然，當緊急事情和不緊急事情碰到一起，要優先幹緊急事情，之後再幹不緊急的事情。當重要事情和次要事情碰到一塊，優先幹重要事情。這樣，會有充足的時間和實力去支撐。否則，先幹不重要事情，會消耗一些時間和資源，從而耽擱重要事情。

第七，有條理有步驟。

交往人事，必須講究程式，第一步怎麼辦，第二步怎麼辦，都要計畫好，不要亂糟糟沒頭緒。

十六、一切必要方法

處理事情時，從理論上說，可以採用一切必要方法。現實人生中，實際情況複雜多變，各種情況都可能碰到，因此，一個人要事先準備各種實質、各種性質和各種程度的方法，遇到具體情況具體選擇一種相應方法。使用一切必要方法，從字面來看，有兩個限制性詞語，一個是一切，一個是必要。因此，一切必要方法，既不是——一切方法，也不是——必要方法，而是二者的綜合。一切方法，會拓展思維的空間，想出許多方法。必要方法，會收斂思維的空間，剔除不適合的方法，找到適合的方法。

一切人包括英雄和普通人處事的內在標準就是效益，謀求最大效益，可謂萬變不離其宗。當然，每個人看待效益的角度不同。英雄看待某一件大事的效益的角度是從自己事業出發，從自保的自愛心和無私的博愛心出發，個人總是和社會民眾聯繫著。只要有利於自己事業，一切方法都是正確方法，一切正確方法都是美好方法。

我們要明確，方法就是方法，是實現需求與目的之手段，因此方法本身是無所謂好壞，沒有好壞之分，只有對錯之分。只要起點目的和終點效果是良好的，中間過程可以選擇一切方法。因此，從理論上說，一切方法本身都是可用的。

不是一切方法都會引起困惑與爭議，問題主要存在於以下五個方面的方法。在這五個方面，英雄能夠超越凡人，不同凡響。

第一方面：敢於使用程度較大的反面方法。

方法之所以有正面和反面之分，根據不是自身。根據就是道德宗旨，真善美等正面方法，經常出自良好的目的，獲得良好的效果，因此被稱為正面方法。此時正面目的和正面方法相互統一。假惡醜等反面方法則是，經常出自惡劣的目的，獲得惡劣的效果，因此被稱為反面方法。此時反面目的和反面方法也相互統一。

然而，這並不意味著，正面方法可以在一切情況下採用，反面方法可以在一切情況下禁止。事實上，處在特殊的條件下，正面方法反而導致反面效果，反面方法反而導致正面效果。

在複雜多變的社會上，人們經常碰到的是好人和好事，要使用正面方法，但是在特殊時刻，難免會碰到壞人和壞事，早晚會碰到。此時此刻，處在反面情況下，反面方法甚至屬於維護道德正義的唯一必要方法，非此不可，而正面方法反而損害道德正義。

我們要樹立以下這樣一個理念：對於任何一個寬泛的目的，都可以使用某種正面方法去完成，同時也可以使用相反的反面方法來完成，只要條件足夠複雜。

例如，人們內心都會愛護親人。要實現愛護親人的目的，可以使用關愛和幫助的方法，也可以使用冷漠和打擊的方法，當親人沉溺於遊戲或賭博之時。

人們內心都會痛恨敵人，希望消滅他。要實現消滅敵人的目的，可以使用打擊的方法，另外也可以使用逢迎縱容的方法，當其放鬆警惕時再出殺招。

英雄在內心需求上是單純的正面，但在外在方法上是複雜的多面。

在事業的效益這個標準統帥下，該使用正面方法就使用之，該使用反面方法就使用之。方法可以變，標準不可變。因此，我們會看到，英雄有時很正面，有時很反面，形式變化而實質穩定，始終推動事業發展，直至成功。

誠如拿破崙所說：「我有時像獅子，有時像綿羊。我全部成功的秘密在於，我知道我什麼時候是前者，什麼時候是後者。拿破崙所說的獅子代表反面方法，綿羊代表正面方法。英雄的秘訣就是什麼時候使用正面方法，什麼時候使用反面方法，都判斷的十分正確。」

有一個故事，古希臘哲學家蘇格拉底和一個青年人尤蘇戴莫斯討論正義問題。尤蘇戴莫斯認為，偷盜、欺騙是非正義的事情，好人不該做。二人辯論如下：

蘇：一個將軍為了作戰而欺騙敵人，這是否正義呢？

尤：也是正義的。

蘇：如果他偷竊、搶劫敵人的財物，這不也是正義的嗎？

尤：不錯。不過，我們開始辯論的範圍是針對的朋友。

蘇：這一類事用在敵人身上是正義的，用在朋友身上就是邪惡的了。你同意嗎？

尤：完全同意。

蘇：當戰鬥失利又沒援軍的時候，將領發現士兵的士氣消沉，就欺騙他們說援軍就要來了，從而鼓舞了士氣，取得勝利。這種欺騙行為是否正義呢？

尤：是正義的。

蘇：小孩子生病了，不肯吃藥。父親哄騙他，把藥當飯給他吃，孩子恢復了健康。這種欺騙行為是否正義呢？

尤；這也是正義行為。

蘇；一個人想用劍自殺，他的朋友為了保護他而偷走了他的劍，這是否正義呢？

尤：也是正義的。

蘇；可你不是說對朋友任何時候都要坦誠無欺嗎？

尤：我錯了。

這個故事充分說明，使用欺騙、偷竊等反面方法同樣可以達到正義目的，甚至在有些時候，使用反面方法是唯一和必須的。尤蘇戴莫斯的錯誤就在於，把方法和目的效果混為一談，不作區分。

由此可見，反面方法在處世中是非常必要的。英雄處世，不僅善於使用正面方法，而且善於使用反面方法。單純使用正面方法的人是難以成就大事的。

眾所周知，孔子是中國聖人，創建了儒家學說，把道德作為做人處世乃至治理國家的核心規則。他提出了許多正統的道德規則和方法，諸如仁者愛人，人而無信，不知其可也。然而，真正實踐起來，孔子並不是迂腐固執地遵守這些正面道德方法，反而有時要實行相反的方法。例如，孔子在當上魯國宰相後誅殺亂政的少正卯。

李嘉誠早年時到義大利偷學製造塑膠花的技術，後來秘密收購和記黃埔的股票，都使得自己事業發展。這些對於商界英雄來說是必要手段。商界競爭非常激烈，對手和自己一樣都很強大。如果絕對的規規矩矩做生意，很難超越對方。稍微違反道德，打法律「擦邊球」，就可以走出一條捷徑。這種行為未必對社會造成較大損害，未必被人發現；即使對社會有損害且被發現，你還可以去彌補。要注意的是，反面方法必須少做，要放在關鍵時刻去做，要聰明地做，選擇恰當的時機和巧妙的方式。當然，嚴重違反道德法律突破底線的事情，要禁止做。

誠如曾在央視《百家講壇》講解的復旦大學教授錢文忠直言不諱地說：講國學的最大困難是，你把孩子完全按照《弟子規》、《三字經》的標準，培養成忠誠、守信、孝悌、守規矩的孩子，到社會上混混看，90%是吃虧的。馬上被人擺平，這是大問題啊。有些凡人對反面方法很反感，只喜歡使用正面方法，而英雄同時掌握正反兩類方法，解決的問題自然要多，獲得的效益自然要大。

退一步講，你不喜歡運用反面方法，那麼你也必須瞭解和掌握反面方法，以理解別人使用反面方法的無奈，或者以對付其他人對你的侵犯，害人之心不可有，防人之心不可無。有些凡人願意使用反面方法，但心腸不夠硬，不敢像英雄一樣使用性質比較惡劣、程度比較大的反面方法，自然幹不成大事。

第二方面：敢於使用程度極大的正面方法。

凡人和英雄一樣喜歡使用正面方法。區別在於，凡人只是使用程度較小的令人感覺正常的正面方法，而英雄善於使用程度較大甚至極端強大的正面方法，令人感覺發生質變，所謂物極必反。一些英雄在作為窮人時面對億萬富翁不卑不亢，在作為基層員工時面對總裁泰然自若，這種極端的自尊令人感覺狂妄。胡雪巖發跡之前資助素昧平生的王有齡五百兩銀子，這種助人如同犯傻。

第三方面：敢於對正面對象採取較大反面方法。

對於正面人物，往往需要採用正面方法來應對。但是，當正面人物處在嚴重反常條件下，整件事情的情況就變成嚴重反面情況，此時需要採用嚴重反面方法。凡人很難適應這種變化，應對不及時，造成惡劣後果。而英雄會容易應對變化，自然地對正面人物動用較大反面方法。一些正面事情在嚴重反常條件下，也會變成嚴重反面情況，需要採用嚴重反面方法。英雄同樣會果斷處理。

第四方面：敢於對反面對象採取嚴重正面方法。

對於反面人物，大家都有厭惡心理，不願意用正面方法來應對，更不願意用嚴重正面方法。但是，處在一些超常條件下，反面人物同樣具有很大正面價值，就需要採用很大正面方法。凡人態度很難扭轉過來，而英雄會自然轉變，對反面人物果斷採用很大正面方法，笑臉相迎，殷勤奉承。一些反面事情處在超常條件下會形成較大正面價值，對此英雄也會採取較大正面方法。

第五方面：敢於放棄習慣方法。

每個成年人由於經驗的積累，都會形成自己做人處世的習慣方法，甚至養成自己的性格。對習慣方法，由於以往成功經驗，人們十分信任。但是，當情況發生變化，習慣方法就不正確，此時就要放棄習慣方法。凡人很難扭轉習慣方法形成的思維定式，而英雄會果斷的放棄習慣方法，嘗試新方法。

總之，英雄屬於君子加智者加勇者的統一體。英雄的內心始終是正面的。英雄雖然在總體上共用正面和反面方法，但是在具體上只選擇一種，並非根據主觀願望想用哪個就用哪個，不是想正面就正面，想反面就反面，而是根據不同的實際客觀情況以及主客整體情況選擇不同的方法，隨機應變，對不同事情採取不同方法。

雖然可以採用一切必要方法，但是實際選擇方法受到主觀目的、能力和外在條件的各種制約。英雄做事受到事業屬性的限制，隱含著自己的自愛和博愛需求，既要合乎個人利益，又要照顧社會利益，不會無拘無束。因此，英雄實際運用的方法不過只有理論方法的百分之幾罷了。

奸雄使用方法的宗旨是不擇手段，只要完成個人當前目的就行，不顧對社會的傷害，甚至不顧對自己長遠利益的傷害。

英雄的一切必要方法和奸雄的不擇手段進行比較，二者形式相似而本質不同，都強調靈活處事，但前者的範圍遠小於後者，英雄可以選擇的方法遠遠少於奸雄的方法。

十七、正面且中庸方法為主

做人處世，人們都應該以正面方法為主，反面方法為輔，雙方比例大體為九比一。另外，使用正面方法時以中度即中庸程度為主，少用高度和極端方法。

英雄雖然可以共同使用正面和反面方法，但是使用正反方法的比例嚴重不等，二者在絕大多數時期大概屬於九比一以上。根本原因在於，人類本性是中性的自保，既不幫人，也不害人，只保自己。但是，為實現自保這個目的，大家都把正面的相互愛護作為主要手段，你有困難我幫你，以換取我有困難你幫我。如果你不幫我，我也不幫你。如果你害我，我也害你。為了你不害我，我也不害你。這就是所謂：我為人人，人人為我，大家雙贏。

英雄對許多人好，長期好，特別好，就會受到廣大民眾的高度和長期擁戴，人多力量大，事業自然成功。因為別人都不是傻子，誰願意追隨一個豺狼似的領頭人呢？

如果只對一小撮人好，對多數人壞，只能得到少數人支持，取得暫時或局部成功，最後仍然被民眾擊敗。如果對民眾暫時好，長期壞，最終也會被民眾反擊失敗。

絕大多數情況下，人們和睦相處，處於低度正面情況，需要低度正面方法，只有很少數情況處於反面情況，需要反面方法。如果你錯誤地認為許多人都是壞的，許多情況都是反面的，從而強行使用反面方法，必然會得罪眾多人，落入四面楚歌的境地，更無法成就事業當英雄。

反面方法可以用，但是必須慎重使用，能不用就不用，能少用就少用，能小用就小用，嚴格限制其應用的範圍、頻率、程度、次數，決不可把反面方法當做主要方法，對於極端反面方法要嚴加禁止。

有些人經常厚著臉皮求人辦事，長此以往，臉裡子就真的厚了，自尊心真的消失了，最終遭到大家厭惡和拒絕。有些人長期坑蒙拐騙，好人和壞人都不會跟隨你。長期蠻橫霸道，必然會得罪許多人，交不到一個真心朋友，最後淪為眾矢之的，遭到民眾憎恨和打擊。

反面方法總是屬於迫不得已的最後方法。反面方法偶爾使用比經常使用的效果好，有出其不意的效果。平時非常道德，特別時候不道德，以往的良好印象會掩蓋現在的惡劣印象，獲得民眾的理解和同情。否則，使用反面方法多了，勤了，大了，總會傷害民眾利益，就容易被大家警惕，被民眾識破，遭到民眾拋棄，自己事業變色或破產。

尤其要注意，要把反面方法用到一些特殊的重大問題上。平時儘量不用反面方法，關鍵時刻果斷使用反面方法，好鋼用到刀刃上。為雞毛小事蠅頭小利而撒彌天大謊，顯得不僅無恥，而且愚蠢。當碰上重大問題，再使用反面方法就很難。

正面情況和反面情況的比例雖然有主次差別，但是要強調指出，這個差別不是六比四，而是很大的，大概在九比一。可以說，每十天，有一天你可能碰到糟糕情況，需要使用反面方法，卑賤一下，狂傲一下，虛假一下，或者兇惡一下。而且，在反面情況本身的序列中，程度嚴重的也是十分罕見。可以說，每十次兇惡的時候，只有一次是應該很兇惡的。至於極端反面的情況，例如殺人放火，你可能一輩子都碰不上。

在特別惡劣的時空內，比如監獄地方和戰爭時期，反面情況的比例會上升，正反比例也許上升到七比三，但是一個人碰到的具體情況仍然是正面情況為主要，那種每時每刻與人對抗的情況極其罕見，比你中五百萬元大獎的概率還低的多。

另外，我們還要強調指出，使用方法不僅有性質的規範，還有程度的規範。程度有低度、中度和高度以及極端的劃分。對於英雄而言，各個程度的方法都會使用，有時也會使用極端大的正面方法，但是從使用次數來講，中度是主體。正面的低度方法，令別人感受不到強烈的好處，效果太低，因此無需多用。正面的高度方法，雖然效果好，但是會損耗個人太多代價，入不敷出，難以為繼，因此不可多用。至於極端高度的方法，雖然效果強大，但是代價極高，多用後個人難以承受，而且令世人感到匪夷所思，產生疑慮。綜合來看，只有中度方法最好，效果不小，代價不大，因此可以多用。古代聖人孔子就提倡中庸之道，執兩端用其中，不偏不倚。這個中庸，主要意思就是指中度。當然，我們這裡提倡的是多用中度方法，不是提倡折中，更不是模棱兩可，具體使用問題要看實際情況，如果情況極端，則極端方法就是適用的，此時應該否定中度方法。

凡人和英雄比較，同樣是以使用正面方法為主導，但是在程度上是低度，微小，次數少，範圍狹窄。而英雄面對和凡人同樣的客觀情況，也會大量使用中度的正面方法，因此讓人感覺很仗義，很英雄，值得擁護。

至於奸雄，其自己比較，使用正面方法的次數也多於反面方法，否則不會得到一些人的擁護而獲得巨大權力。任何一個人都不會把反面的卑賤、狂傲、虛假和兇惡作為絕對的主要方面。儘管如此，奸雄會使用至少一次極端巨大的反面方法，對人類社會造成巨大的破壞，完全抹殺其正面方法帶來的好處，促使人們感覺奸雄是十足的自私邪惡，沒有一點良心。因此而言，反面方法成為奸雄的主導。例如袁世凱，沒做皇帝之前，形象幾乎算是英雄，一旦做皇帝，正面形象瞬間坍塌，淪為世人唾棄的奸雄，以前的種種正面形象不過是為最後的反面形象做準備當手段，一失足頓成千古恨。

十八、執行

對策法則的第三原則是執行，是根據決策如何開展行動的方法。

決策程式結束之後，開啟執行程式。執行程式主要包括事前敢做、事中檢驗、事中堅持、事後總結等準則。

關於事前敢做即敢於行動準則。有些人存在心裡障礙，內心有許多情緒和想法，但是不敢用實際行動表現出來，生怕出差錯，惹麻煩，不敢承擔後果，淪為思想巨人行動侏儒。實際上，你的擔心有許多是多餘的，許多行動的結果都是有利的。前怕狼後怕虎，永遠成不了大氣候。

有些事情必須用行動解決，否則顯得自己沒有意識，導致更麻煩的後果。例如，你對某人有怨氣，經常在內心抱怨，非常想對著他的面發洩一次，說出一些話：我拒絕你的安排，你有錯誤，你很壞，不要以為我好欺負。這些內心話不說出來，客觀上的效果是等於沒有。這樣別人會一如既往壓迫你。英雄既是思想的巨人，也是行動的巨人，總會把內心想法變成行為，不斷想，不斷做，一步步高攀。

關於事中勤於檢驗準則。行動之中嚴格按照決策行動。密切觀察事情變化，檢驗是否和預測情況相符合。如果不符合，要隨機應變。

關於事中堅持準則。任何大事，在實行過程中都會遇到一些困難，甚至令人感覺無法克服。此時，就需要拿出勇氣去堅持，堅持到最後勝利。

關於事後總結準則。事後不是行動的徹底結束，而是要反思總結這件事全部過程中的經驗教訓。總結反思的內容包括，判斷所調查情況是否真正準確，所使用方法是否真正妥當，自己有什麼收穫，把反思結果融入自己的力量，當做下次行為的指南，正確的要堅持，錯誤的要改正。

漢武帝劉徹是皇帝之中的英雄，用兵打敗北方匈奴，提升國威。然而，他好大喜功，窮兵黷武，生活奢華，造成國庫虛空，人民困頓。西元前八九年，隨著一些糟糕事件的打擊，他開始反思自己，幡然醒悟，頒佈《輪台罪己詔》，廢止軍事擴張和經濟奢靡政策，恢復漢朝開國之初休養生息的政策。他慨然寫道：「朕即位以來，所為狂悖，使天下愁苦，不可追悔。自今事有傷害百姓，糜費天下者，悉罷之。」

堂堂一國之君，一代雄主，竟然當著天下人的面承認錯誤，這得需要多麼巨大的勇氣和智慧啊！正是漢武帝本人的自我改過，避免了類似秦朝末期的危機，也保全了自己的一世英名！

下面附錄對策法則的整體方法系統。（圖三）

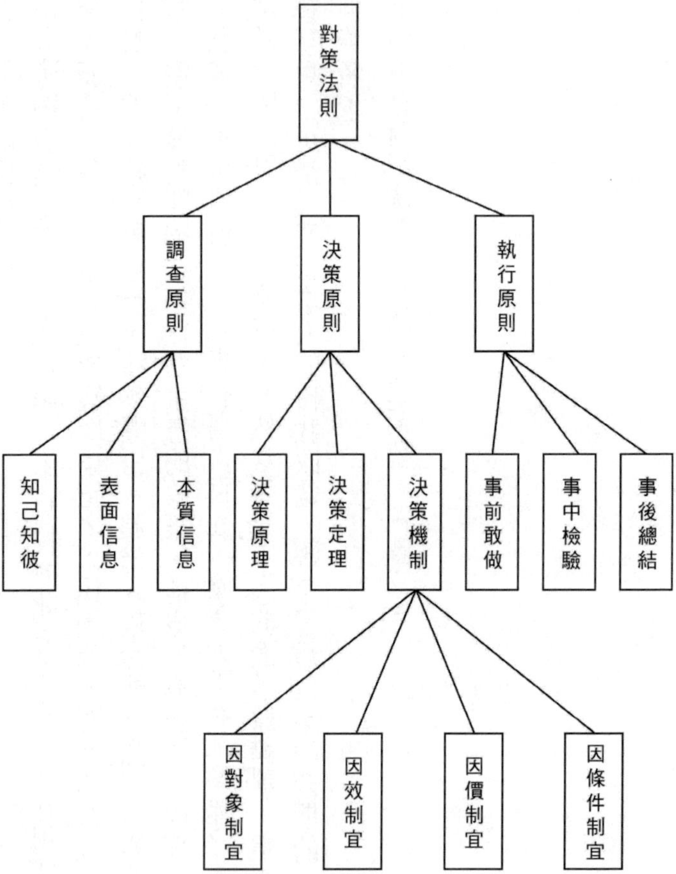
對策法則
調查原則
決策原則
執行原則
知己知彼
表面信息
本質信息
決策原理
決策定理
決策機制
事前敢做
事中檢驗
事後總結
因對象制宜
因效制宜
因價制宜
因條件制宜

【圖三】

十九、英雄靈活對待五個交際原則

我用英雄對五大做人原則方法——美觀、自尊、尊人、真誠和善良及其相反方法的運用上，來說明英雄靈活處世的精妙。

對於美觀，處在正面並中度的多數情況下，英雄使用比較美觀的方法。英雄平時穿戴乾淨整齊，言談舉止合乎禮儀，不會邋遢和無禮。這樣容易獲得民眾的好感。

處在反面情況下，英雄使用比較醜陋的方法。例如，當經濟拮据時，英雄不會計較衣服的華麗甚至乾淨，能用就行。睡夢中碰到地震，再愛美的英雄也不會起來洗臉刷牙，逃命要緊。

對於自尊，處在正面並中度的多數情況下，英雄使用非常自尊的方法來維護自己的自愛需求以及事業目標。自尊的一個重要表現就是，對原始需求包括吃喝與性欲的規範。英雄等一切自尊心強的人，吃飯喝水都會遵守禮儀，不會狼吞虎嚥；喜歡漂亮的異性，但發乎情止乎禮，不會有淫穢言行。

處在正面並高度的情況下，英雄會特別矜持尊貴，自立自強，不輕易求人，不輕易獻媚別人，從而得到人們的敬佩和支持，集聚人脈，促進事業發展。你只有經常表現出高度自尊，別人才會尊重你。

人在內心裡和目的上應該是始終和唯一自愛的，但是在方法上要靈活多變。英雄一貫自尊但不迂腐。處在特殊的反面情況下，英雄也會捨棄自尊的方法，壓制自尊心和羞恥感，表現自謙和低調，拉下臉面，厚著臉皮，實行卑賤甚至非常卑賤的方法，去求人辦事，以維護自己的自愛目的、生存目的甚至博愛目的以及事業目標。這並非說明缺乏自愛心，而是說明你頭腦靈活務實。有些人始終好面子，從不願意接受領導批評而動輒頂嘴，從不願意放下臉面追求心儀的女孩而矜持不動，這種人注定混不好。

有些英雄在成長期，還沒有成為名至實歸的英雄，自身力量不是很強，碰到強大的力量，就不得不卑微。例如張良，早年被黃石公扔鞋子羞辱，卻甘願受辱，結果得到兵書，最後完成推翻暴秦建立新王朝的事業。他用今天的小卑微換來明天的大尊貴，用對一人的卑微換來對天下人的尊貴。再如韓信，受到無賴侮辱，不得不鑽褲襠，得以保全生命。否則，拔劍報復殺人，結果會被官府鎮壓，生命沒有了，臉面還有嗎？更沒有大名鼎鼎的淮陰侯了。能屈能伸方為大丈夫真英雄。

有些人成為英雄後，有時也會碰到棘手的問題，必須捨棄尊嚴。例如藺相如，面對廉頗的侮辱，捨棄個人的面子來換取國家的安定，用對一個人的低頭來換來對許多人的抬頭，自己心理獲得平衡。再如俄羅斯彼得大帝在貴為皇帝之後，還化裝成普通人到西方學習技術，遭到頑童欺凌，仍然認真待下去，回國後改革，建立起強大的俄國。反之，一味逞強的人注定發展不大，事業夭折，甚至遺禍國家，所謂剛者易折。

雖然英雄的臉皮有時薄，有時厚，但前者極多，後者極少，因此臉裡子仍然薄，在內心目的裡永遠自愛自重。否則，經常下流猥瑣，死乞白賴，溜鬚拍馬，臉皮經常厚，臉裡子也就逐漸變厚了，拋棄了自愛心。這種人無法受人敬重，難以成為英雄。

對於尊人，處在正面情況下，英雄會使用尊人方法

人們都是有自尊心的。你尊重他人，他人自然內心高興，反過來尊重你，幫助你。

處在反面情況下，英雄會使用鄙人方法。俗話說，林子大了什麼鳥都有，社會同樣如此。有些人就是人品惡劣，辱罵他人，撒謊訛詐，仗勢欺人。對於這種人，英雄往往都會鄙視之，不討好，從而保護個人尊嚴，贏得周圍民眾的敬佩。如果對下三濫的人也客客氣氣，會被大家認為同流合污，都不是好人，自己就虧大了。

對於真誠，處在正面情況下，英雄會使用真誠方法。

人們之間交往，資訊交流是至關重要的。要保證交流的資訊真實，個人必須遵守真誠的方法，事情真相是什麼，就告訴別人是什麼；自己許下的承諾，到時候就兌現，言出必行。英雄人物都是誠信的代表，即使說出真相和遵守諾言對自己有較大危害，也會照辦，因此贏得民眾的愛戴，幫助事業成功。如果整天到晚，嘴裡沒一句實話，言而無信，就會受到大家排斥。

處在反面情況下，英雄會使用虛假方法。

處在複雜的社會，如果一個人絕對講誠信，既沒有必要，也太有危害。有些事情，別人不在乎真相，而真相對你很有害，那就掩蓋。給騙子講掏心窩的話，那是傻子，不是英雄。有的諾言，需要傾家蕩產、豁出生命去兌現，那麼不妨食言，別人也會諒解。有人為實現一個諾言，不惜犧牲生命，這樣的人半途夭折，注定成不了英雄。

對於善良，處在正面情況下，英雄會使用善良方法。

英雄通常會比較關愛他人，給人以恩惠。人們本性自保，你自保，別人同樣自保。如果你侵犯別人，別人就會報復你，傷害你；如果你愛護別人，別人為感恩和繼續得到你的愛護就會回報你，愛護你。因此，只有更多善良地對待別人，才會更加有利於維護個人自己。

處在高度的正面情況下，英雄顯得非常仁慈慷慨。遇到大災難，英雄會積極救災，廣散家財。

但是，英雄不是唐僧式大善人，處在特殊的反面情況下，英雄敢於使用反面的兇惡方法，甚至是程度很大的兇惡方法，以維護事業成功。

一個人總是善良忍讓，就會被壞人利用，落個東郭先生那樣的下場，也難以得到周圍人的器重。一個人總是可憐和幫助弱者，就會耗盡自己資源，最後落個泥菩薩過江，自身難保。

長期生活於複雜的社會，任何一個人總會碰到一些特殊的事情。例如，為幫助別人戒掉不良嗜好，除去使用苦口婆心的規勸之外，還可以採用蠻橫或狡詐的方法，這就用反面方法實現正面目的。又如，碰到窮凶極惡的暴徒就必須狠狠鎮壓，否則邪氣就會壓倒正氣。此時，使用反面方法不僅和正面方法一樣產生正能量，而且只有使用反面方法才會產生正能量。

一個人面對狡猾的敵人時，自己也要使用陰暗、迂迴、作假、下黑手的手段。否則，自己必然失敗。雷鋒有個名言：對待同志要像春天般溫暖，對待敵人要像冬天般冷酷。這是很有道理的，否則，對敵人溫暖就是對自己冷酷。

我們每個人反省自己，從小到大誰沒罵過人撒過謊呢？看看周圍的凡人，誰絕對善良和真誠呢？沒有這種人。即便有這種人，也無法在社會上混下去，更不可能混得風生水起。即便那種看起來老實巴交的人，有時候被逼急了，也像獅子一樣兇猛。

古今中外那些指揮戰爭的統帥，意志強硬，一個命令下去，敵我雙方幾萬生命死傷，一將功成萬骨枯，面慈手軟不成功。李世民和隋煬帝是親戚，但是為國家為個人而毅然起兵背叛，建立大唐朝。

與英雄比較，奸雄也用正反方法，但是使用的反面方法非常多，非常大。奸雄也愛護他人，而且比普通人更加愛護他人，但是僅僅局限於特定的少數人，如自己的親人和下屬，因此能夠得到部分人擁護，取得一定成功；但對於廣大民眾麻木不仁，甚至實行欺壓掠奪，因此無法取得長期和更大成功，最後歸於失敗。

英雄和奸雄在方法方面必然是有時正面，有時反面。單純根據一個人的正面方法，來判斷其心屬於正面，是偏頗的。同理，單純根據一個人的反面方法，來推測其內心反面，也是錯誤的。判斷一個人屬於英雄還是奸雄，必須看看他是否把正面方法作為主要。

二十、英雄是雙立柱性格

英雄具有什麼性格呢？

性格表現為基本方法在行為實踐中的典型和習慣，反映內在力量的穩定本質特徵。內在力量支撐著性格表現，性格在實踐以後又內化為方法，反哺力量充實並壯大。

基於同基本方法的聯繫，性格同樣在總體上劃分為三大區域：調查區域、決策區域和執行區域。每一個區域包括一些不同實質的性格。

調查區域包括關於觀察仔細度的性格、關於速度的性格。

決策區域包括品德方面的性格、膽量方面的性格。

執行區域包括態度方面的性格、辛勤度方面的性格。

每一個實質的性格在性質方面分為兩個相反種類：相對積極的稱為左傾，相對消極的稱為右傾。如關於內在品德的仁慈與兇狠，關於外在態度的溫和與粗暴，關於膽量的大膽與小心，關於勤快度的勤快與懶散，等等。

每一個性質的性格在數量方面分為三種基本模型：扁條型、方塊型和立柱型。

所謂扁條型，由行為方法的很低程度作為寬度和很大頻率作為長度構成；所謂方塊型，由行為方法的中等程度作為長度和中等的頻率作為寬度構成；所謂立柱型，由行為方法的很大程度作為高度和很低的頻率作為寬度構成。

每一個人包括普通凡人普遍具有各種區域、各種實質、各種性質的性格，彼此之間的差別在於數量方面。

就算普通凡人，同樣具有兩種相反性格，不同的是，有人無私大一些從而掩蓋自私，被看做仗義者；有的人性子急，掩蓋住相反的性子慢。

英雄置身於複雜多變的社會生活，要使用各種區域、各種實質、各種性質和各種數量的方法，因此具有每個區域、每個實質、每個性質和每個數量的性格，顯得非常複雜。尤其是在數量方面，扁條、方塊和立柱一個都不少，構成英雄一個方面的完整性格。

當然，數量巨大性質相反的雙立柱型屬於英雄的典型性格。具體來說，一個英雄既有品德性格，又有膽量性格；其品德性格既有仁慈，又有兇狠；其仁慈的性格，既有扁條型，又有方塊型，還有立柱型。其兇狠的性格，既有扁條型，又有方塊型，還有立柱型。英雄在靈活度方面的性格，既有左傾靈活，又有右傾固執。英雄的膽量性格，既有左傾大膽，又有右傾小心。勇敢起來，膽大如虎。怯懦起來，膽小如鼠。誠如拿破崙自我評價，他既是勇猛的獅子，又是溫順的綿羊。

不同的英雄在品德方面具有共性，其仁慈的性格屬於立柱型，並且面積遠遠大於相反的兇狠型。其他方面差異較大。

奸雄同樣具有各個種類的性格，但是其仁慈的性格之面積遠遠小於相反的兇狠型。

有的奸雄平時兇狠的少，但是會實行一次巨大的兇狠，其面積和影響足以超越仁慈，就被標誌為奸雄，例如袁世凱，沒稱帝之前可謂蓋世英雄，一稱帝就淪為萬年奸雄，可笑可氣可歎！

在外人看來，不同的英雄都有自己的不同性格。其實，這個判斷不過是對英雄兩種性質性格的相對比較而已。外人覺得巴頓將軍的性格是衝動和冒險的，但是他同時具有穩妥的性格，而且穩妥性格的程度比普通人高得多，只不過被自己更強大的冒險性格所掩蓋。性格單純的人注定無法應付相反的情況，辦不成大事，成不了英雄。

用薄紅硬學的專用概念來說，英雄大薄大厚，大紅大黑。只有性格如此複雜全面，英雄才能搞定複雜多變的現實社會。

《左傳・子產論政寬猛》記載一個故事。鄭國的宰相子產生病後，對大臣太叔說：我死以後，你會當宰相執政。只有威望高的人，才能夠用寬和的方法來使民眾服從，差一等的人不如用嚴厲的方法。嚴政如同火，火猛烈，百姓一看見就害怕，所以很少有人死在火裡；水柔弱，百姓輕視而玩弄它，結果很多人溺水而亡，因此使用寬政很難。

幾個月後，子產病死，太叔執政。他不忍心用嚴政而用寬政。因此，鄭國產生很多盜賊，聚集在一個湖沼裡。太叔十分後悔地說：如果我早聽從子產的話，就不會導致這種情況了。於是，他派兵去攻打盜賊，把他們全部殺了，全國盜賊才稍微平息。

《詩・大雅・民勞》中說：寬和施政，讓人民修養，給人民恩惠，就能安撫四方。

另外嚴厲施政，不放縱欺詐者，打擊搶劫者，就能懾服四方。

孔子得到子產去世的消息，流淚說：他是古代傳下來的有仁愛的人。孔子對太叔也給予讚美：真好啊！施政寬和，百姓就怠慢，接著用嚴厲措施來糾正；施政嚴厲，百姓就會受到傷害，接著用寬和的方法。寬和用來調節嚴厲，嚴厲用來調節寬和，政事因此就和諧。

孔子所言非常正確，寬和與嚴厲看似相反，其實也相成，相輔相成，是保障國家安定和諧不可缺少的兩大手段。單純使用正面方法，是無法維護社會安定的，反而縱容邪惡，破壞安定。方法永遠只是手段，而不直接等於目的和效果。當然，大量使用寬和與嚴厲兩種手段，最後必然轉化為英雄個人的性格。

李嘉誠早年做過五金商品推銷員，有時厚著臉皮巴結大客戶，表現得非常謙虛，顯得不怎麼自愛。但是，這只是表面現象，在內心裡他非常自尊自愛。他回憶過去時說：「年輕時我表面謙虛，其實內心很『驕傲』。為什麼驕傲？因為當同事們去玩的時候，我在求學問，他們每天保持原狀，而我自己的學問日漸增長，可以說是自己一生中最為重要的。現在僅有的一點學問，都是在父親去世後，幾年相對清閒的時間內得來的。因為當時公司的事情比較少。其他同事都愛聚在一起打麻將，而我則是捧著一本《辭海》、一本老師用的課本自修起來。書看完了賣掉，再買新書。」

李嘉誠所言不假。事實上，在內心裡，所有天才都認為自己高人一等，擁有高度的自信與自負。獅子認為自己不如綿羊厲害，這是天大的笑話。如果天才真的認為自己不如別人，不自負，那麼肯定患上精神病了。巧妙的是，英雄往往是傲骨不傲氣，懂得什麼時候臉皮要薄，什麼時候臉皮要厚。

二〇〇九年十一月，李嘉誠在接受《全球商業》雜誌採訪時說：我告訴我的孫兒，做人如果可以做到「仁慈的獅子」，你就成功了！仁慈是本性，你平常仁慈，但單單仁慈，業務不能成功，你除了在合法之外，更要合理去賺錢。但如果人家不好，獅子是有能力去反抗的，我自己想做人應該是這樣。verykind，非常好的一個人，但如果人家欺負到你頭上，你不能畏縮，要有能力反抗。

作為一個商界英雄人物，李嘉誠的發言震撼人心。他沒有清談仁義道德，而是實實在在地說出做人的真理，內心目的要善良，但處世性格必須正反兼備，始終善良注定難以生存，委屈難以求全。

普通凡人具有雙方塊性格：中薄中厚，中紅中黑，左傾的薄紅稍微超過右傾的厚黑。低等人具有雙扁條性格：小薄小厚，小紅小黑。怪異人群具有雜亂的性格：品德的左傾扁條配右傾立柱，這種人小善大惡；膽量的左傾方塊配右傾立柱，這種人膽子壯起來中等，膽子弱下去就特別弱。凡人要想升級為英雄，必須讓自己的性格，達到複雜高級的地步——大薄大厚，大紅大黑。下面附錄英雄的性格系統圖示：（圖四）

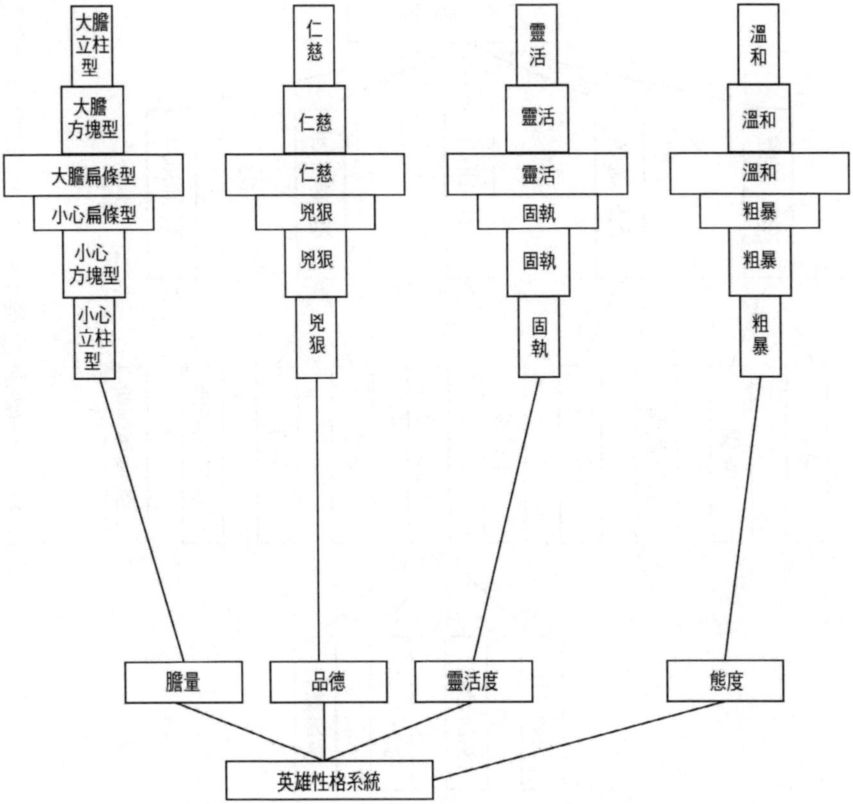
大膽立柱型
大膽方塊型
大膽扁條型
小心扁條型
小心方塊型
小心立柱型
仁慈
仁慈
仁慈
兇狠
兇狠
兇狠
靈活
靈活
靈活
固執
固執
固執
溫和
溫和
溫和
粗暴
粗暴
粗暴
膽量
品德
靈活度
態度
英雄性格系統

【圖四】

最後附錄薄紅硬學五大法則的內容：（圖五）

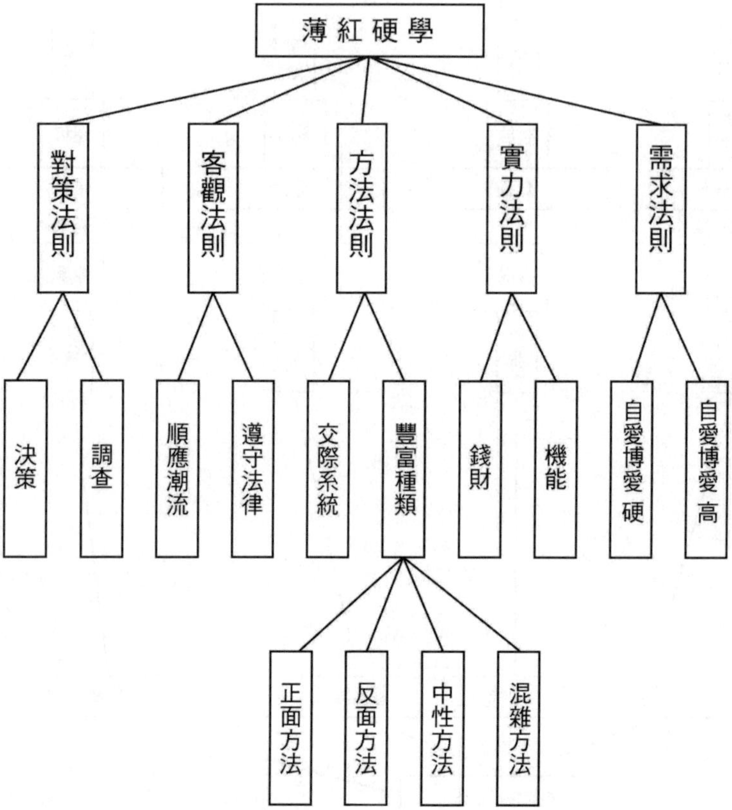

【圖五】

二十一、別了，厚黑學

李宗吾從非凡人物的繁多複雜行為方式中，提出厚臉和黑心這兩個概念，抓住了做人處世的統帥問題，十分難得，但是抓歪了，抓反了，把非凡人物偶爾的反面方法機械地當做其惡劣需求，從而偏離了真理。

被李宗吾定性為黑心代表的奸雄曹操，其實在方法主體上屬於正面薄紅，在內在目的上自然也屬於薄紅。他雖然在少年時期吊兒郎當，但是在成年後廉政愛民，打擊貪官；他雖然殺掉楊修等幾個才子，但是絕非濫殺無辜，而且對於廣大下屬都是非常愛護的；他雖然把持朝政，挾天子以令諸侯，但是始終沒有廢掉漢獻帝，自立為皇帝，這不可不謂忠臣。誠如他自己評價，如果沒有我，不知幾人稱帝幾人稱王？漢獻帝連名義皇帝也坐不上。

至於被李宗吾定性為厚臉皮代表的劉備，從小就表現出極強的自愛心，臉皮裡子薄。劉備小時候與小夥伴在一顆高大桑樹下遊戲時說：「我將來必定乘這樣的羽葆蓋車。」羽葆蓋車是皇帝才可以乘坐的，這足見劉備從小就有出人頭地的高大志向，能厚顏無恥嗎？

李宗吾認為劉備：「他依曹操，依呂布，依劉表，依孫權，依袁紹，東竄西走，寄人籬下，恬不為恥。」其中原因在於，劉備根基很淺，不得不依靠他人。當時群雄爭霸，時而聯盟時而對抗，動盪不安，劉備如同浮萍隨波逐流。這反而顯示劉備具備極薄的臉裡子，不願意寄人籬下，總是討好順從別人：曹操不重用我，我就走人；呂布不重用我，我也走人；劉表、孫權、袁紹都不重用我，我自立為王，自己重用自己。此處不留爺，自有留爺處；處處不留爺，自己當大爺。

李宗吾認為，韓信忍受胯下之辱，說明其臉皮厚，內心自賤，缺乏自愛。事實是，一個屠夫帶著一群惡少威逼韓信，要麼用劍刺他，要麼鑽褲襠。如果韓信不鑽褲襠，就會和那群惡少發生衝突，殺掉對方後自己也難以活命，被官府緝拿，這是莽漢做法。韓信是好漢不吃眼前虧，臉皮偶爾厚而臉裡子始終薄。

李宗吾認為，范增三番五次建議項羽殺掉劉邦，說明其黑心，內心自私，缺乏博愛。但在事實上，范增內心很博愛，非常忠誠於項羽，殺劉邦不過是盡臣子忠心的手段。依我看，范增不但心不黑，而且心很紅。

李宗吾貶斥劉邦為厚黑總代表，臉皮最厚心腸最黑，惋惜項羽臉皮不夠厚心腸不夠黑，觀點與事實嚴重不符。

劉邦的確有些小毛病，不拘小節，喜歡罵人，喜歡賴帳，但是這只是小事，在內心裡仍然是大君子。對於廣大民眾，劉邦還是非常愛護的。他押送勞役時，主動遣散，受到大家擁戴，成為起義頭目；他進佔西安後，約法三章，受到民眾擁戴；當上帝王后，採取休養生息的政策，讓利於民。劉邦是多麼博愛的英雄啊，其心紅燦燦！

至於被李宗吾貶斥的一些事情，都有特殊原因。在背後有追兵時，劉邦把馬車上的子女推下來，這其實也算無奈之舉吧，總比大家一起死好。而且，當車夫把其子女重新抱上車之後，劉邦不再推子女下車。當項羽威脅劉邦不投降就煮掉其父親時，劉邦回應自己父親也是拜把子兄弟項羽的父親，要分一杯羹，這其實是謀略之舉，迫使項羽不殺其父。如果答應項羽要求，恐怕自己和父親最終都會死亡，這不是英雄所為。

李宗吾認為項羽是純粹英雄，其實項羽屬於混雜英雄與奸雄的梟雄。項羽平時待人有貴族範，還推翻了殘暴的秦王朝，推動了歷史發展。這是他作為英雄的一面。與此同時，他還有奸雄的一面，極端加極端的自愛，缺乏寬容，不允許別人有絲毫侵犯，遭到侵犯後會加倍報復。項羽艱難攻打下城池後，往往屠殺曾經反抗的俘虜和平民，其殘暴如同虎狼；為報國破家亡的仇恨，坑殺秦朝二十萬降兵，其殘暴勝於虎狼；在鴻門宴上不殺劉邦，不是因為他心腸軟，而是因為太自信，相信弱小的劉邦不敢反叛強大的自己；他垓下突圍後，因為面子問題，太過自愛，容不得重大挫折，不過江，選擇自刎。

對劉邦和項羽的比較，還是請看韓信的評價吧。韓信拜將後，分析比較劉邦和項羽的本事高低，說：論軍事才能，你不如項羽。但是，項羽做人非常有問題。他個人非常勇猛，但是不願意放手任用賢將，因此他只有匹夫之勇；平時交往，項羽待人彬彬有禮，看到別人生病，就同情落淚，把自己飲食分給他，但是不願意把官職和財產分給有功部下，因此他只有婦人之仁；項羽帶兵所過之處，都進行燒殺劫掠，惹得天下百姓怨恨，失去民心。而你對待百姓仁慈寬厚，得到百姓擁戴。由上可見，李宗吾對於英雄和成功學的解釋失於偏頗。

如果曹操等成功英雄人物見到李宗吾，肯定會說：你錯了，厚黑只是我們的小手段，薄紅才是我們的大手段，厚黑學不很正確，完全正確的是薄紅學。我們依靠薄紅學獲得成就。

嚴格來說，所謂厚黑學是指，嚴重缺乏博愛，自愛要麼變態，要麼極端，博愛無法規範自愛。臉裡子非常厚，心腸非常黑。同時善於使用薄紅和厚黑兩種方法，為攫取個人名利而不惜傷害民眾利益。奉行厚黑學的人容易成為奸雄。

奸雄也有出人頭地的意志，也做出一些出人頭地的成就，一眼看上去英雄和奸雄一個樣，其實本質完全不同。

英雄和奸雄比較，二者需求不同，英雄奉行薄紅硬學，博愛需求非常高，非常無私；奸雄奉行厚黑學，最缺乏博愛需求，非常自私。

二者形式相似，都使用薄紅和厚黑正反兩種方法，但是結構大相徑庭。英雄以正面薄紅方法為主要，以反面厚黑方法為輔助；薄紅方法運用的次數非常多、程度非常大，而厚黑方法運用的次數非常少、程度非常小。

奸雄以厚黑方法為主要，以薄紅方法為輔助；薄紅方法運用的次數少、程度小，而厚黑方法運用的次數多、程度大。所謂量變引起質變，英雄和奸雄形式相似而本質相反。

二者的後果不同。英雄有利於社會大眾，屬於真正成功，可以全面和長期保持成功；奸雄有害於社會大眾，屬於虛假成功，無法全面和長期保持成功。

英雄和奸雄雙方本質相反而形式相似，難怪李宗吾會把英雄和奸雄混為一談，甚至顛倒。現在，我們看清英雄的真面目，也看清厚黑學的錯誤，必須否定之，拋棄之。

李宗吾是智慧者。他之所以沒有提出薄紅硬學，而是提出厚黑學，受到特殊客觀因素的影響大。首先，大人物的行為非常複雜，既有薄紅方法又有厚黑方法，很難揣測其內心動機。其次，古代人類社會的確是缺乏法律和道德的約束，呈現出弱肉強食的情況，促使人們施展較多的陰謀詭計來保護自己。此外，從文化淵源上看，厚黑學受到古代法家思想的影響，與孔孟儒家學說形成對立。另外，李宗吾形成厚黑學觀點是受到《三國演義》小說的啟發，其中戲說的成分非常大，遠遠偏離歷史真相。

李宗吾不僅建立厚黑學，而且利用厚黑學對人類社會進行廣泛和深刻的探討。李宗吾向前推理，研究人性，以尋找厚黑學的哲學基礎。他認為，人性是無善無惡的。這種觀點有些正確，類似於我的本性自保觀點，但片面膚淺，不如我的人性觀深刻和系統。

李宗吾向後推理，以厚黑學為標準，把社會歷史劃分為三個時期：第一時期堯舜不厚不黑，第二時期曹劉又厚又黑，未來的第三時期不厚不黑，其特徵是以孔孟之心行曹劉之術。在第三時期，即使孔孟復生，必歸失敗者，謂其無曹劉之術也；曹劉複生，亦歸失敗者，謂其無孔孟之心也。

他還說：「用厚黑以圖謀一己之私利，是極卑劣之行為；用厚黑以圖謀眾人公利，是至高無上之道德。」這些論述說明，李宗吾自己對厚黑學抱有很深的否定。他的第三時期的論述，同我的薄紅硬學非常接近，內心薄紅硬，方法薄紅加厚黑。其實，整個社會歷史的三個時期都是在運用薄紅學。根據一些歷史資料記載和後人推測，禪讓制不存在，堯舜禹三位聖人都是通過強迫登基的。未來的人類社會會更加政治民主和經濟繁榮，促使人們從裡到外都薄紅。

有意思的是，李宗吾自己處世就不照搬厚黑學。國學大師南懷瑾就說過，兩人打過交道，厚黑教主李宗吾雖然宣揚厚黑學，但是實際生活中的為人道德，一點兒也不厚黑，甚至是很誠懇、很厚道的。用我的話來講，所謂的厚黑學大師李宗吾其實是薄紅硬學大師。

總之，李宗吾的厚黑學只有部分正確，其本質和整體是錯誤和有害的，人們應該拋棄它。尤其在當代，社會法律健全，厚黑學那一套很難行得通。如果強行運用厚黑學，不但事業無法成功，還會受到法律嚴懲，個人淪為罪犯，結果英雄沒得到，連正常人的資格也失去，如同爬山，山頂沒上去，結果掉進山腰處的陷阱。

二十二、西方厚黑學，別了

有些國人認為，李宗吾的厚黑學敗壞了中國人的人性。其實，他不過是揭示了封建官場的一種現象而已。在厚黑學之前，官場就是那樣。這些人還認為，西方社會應該不存在厚黑學這一套吧。其實，無獨有偶，西方社會真的存在厚黑學這類理論，甚至有過之而無不及，這就是西方文藝復興時期義大利學者馬基雅維利的《君主論》。

馬基雅維利時期，義大利四分五裂，各個城邦國家彼此混戰。他曾經擔任過一個城邦的高官，積累了大量的政治和軍事經驗，寫作出《君主論》。

和中國的《厚黑學》一樣，《君主論》在西方也是一本毀譽參半的奇書，一直被奉為歐洲歷代君主的治國原則，也是人類有史以來對政治鬥爭原理和技巧最犀利和最歹毒的解剖。因此，《君主論》長期被西方社會列為禁書。

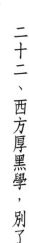

君主論的基本觀點有很多。第一條，極力鼓吹人性惡，認為：關於人類，一般地可以這樣說：他們是忘恩負義的、容易變心的，是偽裝者、冒牌貨，是逃避危難、追逐利益的。

第二條，基於第一條的原因，君主要維護自己的統治，必須懂得如何善於運用野獸的行為進行鬥爭，做君王的如果總是善良，就肯定會滅亡，他必須狡猾如狐狸，兇猛如獅子。獅子不能防禦陷阱，狐狸不能抗拒豺狼，所以，君主做狐狸是要發現陷阱，做獅子是要嚇走豺狼。

第三條，一位君主如果能夠征服並且保持那個國家的話，他所採取的手段總是被人們認為是光榮的，並且將受到每一個人的讚揚。因為群氓總是被外表的事物所吸引，而這個世界裡盡是群氓。也就是說，君主可以不擇手段地達到自己的目的，他們可以奸詐、殘忍、背信棄義，而最終卻往往會被人奉為偉大、英明的領袖。

馬基雅維利把人性定為兇惡，這是片面和錯誤的。人原始和主要的人性是自保，無所謂善惡。自保會發展出自私這種惡，但是程度很小。就算野獸社會，自保仍然是主要的獸性。獅子捕捉羚羊，只為食物，吃飽之後就不會攻擊羚羊。人類更加如此。平時大家自己顧自己，攻擊別人沒有必要，特殊情況下才會攻擊別人。如果攻擊別人成為常態，任何人都無法存活。在任何一個社會，惡人都只有很少，大惡人更少。當然，作為君主，遇到的惡人要比一般群眾碰到的惡人多，掌握獅子的強硬和狐狸的靈活是必要的，但是不要完全淪為獅子和狐狸，人性的寬容和樸實必須佔據主體，而且充分表現出來，讓下屬感覺到。可以說，做人要做仁慈獅子老實狐狸。

君主可以選擇一切必要方法，但是必須放棄不擇手段的手段。前者同樣可以達到目的，而後者引發的負面影響太多，令下屬認為君主缺乏善良，這不可取。

君主論還提出許多具體觀點，列舉如下：

- 君在位之時的慷慨有害，欲取得君之位的時候則應該注重慷慨。

- 君主花費的資源有三個來源，如果是自己的應該節約；如果是自己人的，不能錯過任何一個表示慷慨的機會；如果是別人的，依靠掠奪而來的，盡可大方地慷他人之慨！
- 維持穩定的殘酷遠比坐視混亂發生的仁慈更加仁慈，不要在意殘酷的名聲。
- 最好既受人愛戴，又令人畏懼，被人畏懼比受人愛戴更安全；人冒犯一個自己愛戴的人，比冒犯一個自己畏懼的人時的顧忌要小。
- 盡可能避免受人憎恨，方法就是絕對不要掠奪他的資源和財產；而掠奪他的生命的時候，必須找到充分的理由。
- 鬥爭只有兩種方法，法律以及武力。
- 因為人不是忠誠不渝，因此才不必對他們恪守諾言。
- 君主不可能具有一切良好品質，但必須極力表現出這種品質。
- 君主不應背離善良之道，但必須懂得在必要時為非作歹。
- 君主慎言，不可從口中流露缺乏美德的隻言片語。
- 要爭取盡可能多的臣民（尤其是平時極少接觸自己的人）的擁護，以孤立反對者，讓他們知難而退。
- 應當把承擔責任的事情交給他人或者第三機關；把施恩布惠的事情留給自己。
- 避免受到怨恨，尤其是最有勢力的人怨恨。

• 善行同樣會招致怨恨，如果要保存勢力和組織，必須取悅那些自己需要的惡人，毫不猶豫地與善良為敵。

馬基雅維利提出了一些做人處世的深刻原理與具體技巧，並且用精煉的語言表達出來。他所列舉的許多方法，無論對於政治家還是老百姓，都具有一定的參考意義。只要我們在內心堅守自愛與博愛需求，堅持正義的法則，因事制宜，不過分運用，這些原則的確有利於自己，也有利於社會。他也主張共同使用正面方法和反面方法，但是片面強調反面方法的效果。英雄應該主要使用正面方法，儘量少用反面方法。

另外，他宣揚的方法仿佛只有大善和大惡兩類，而現實生活中普遍需要的是微小程度的善惡。

通過君主論，我們可以發現，歷史上的西方人和中國人一樣，熱衷窩裡鬥，殘暴殺掠，陰謀詭計。整個人類的本性是相通的，都是從天性自利派生本性自保進而派生後天的自私和無私，不同種族之間沒有高下優劣之分，不存在所謂的民族劣根性。

總之，根據我的薄紅硬學可以發現，馬基雅維利和李宗吾一樣有對有錯。無論東方的厚黑學，還是西方的君主論，都可以被我的薄紅硬學所取代。

二十三、英雄之路

任何英雄剛生下來，都不是既定的英雄。即使是出生於帝王之家，年少就成為皇帝，這也並非英雄，只有成就超過普通皇帝，才算皇帝中的英雄。許多英雄的起點和一些凡人差不多。因此，英雄之路同時也屬於從凡人變英雄之路。

英雄追求事業成功的路程，具體來說有許多種行業，許多種起點、過程和終點，但是從本質來看，英雄都以事業為終極目標。因此，以事業為線索，英雄成功之路都具有以下六個階段：成長——從業——發展——轉折——登頂——保持。

在每個階段，英雄都會有一些超凡的處世舉動，成為本階段的重要內容甚至關鍵內容。

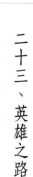

在行動過程中，英雄會根據實踐情況，不斷改善自己的做人五要素。如果太自愛太博愛，英雄會適當減少；如果缺乏處世實力，英雄會補充；如果處世方法太過分，英雄會糾正；如果處世對策太欠缺，英雄會增加；如果處世環境太嚴酷，英雄會轉移到合適的環境。

第一階段：成長階段，樹立遠大志向。

這個階段往往屬於英雄的少年和青年時期。不論英雄出身於平民還是權貴，在內心已經具備英雄之心，自愛心和博愛心都非常強大，自命不凡，以後必然出人頭地，並且有所表現，發出不同凡響的話語或行為。

此時，少年英雄對於事業目標也許沒有清晰地認定，但是已經在內心種下志向的種子，一定要超越凡人，幹一番事業。在遠大志向的激勵下，少年英雄會廣泛學習，吸收外在強大的能力。

第二階段：從業階段，聚集實力和方法。

此時，英雄從事一定職業，鍛煉自己，做人做事的經驗增加，多數已經已經確立自己從事的行業，或經商，或從政，或參軍。這時，英雄的做人處世已經形成自己的風格，並且受到周圍民眾的關注和讚賞。

第三階段：發展階段，開啟事業發端。

此時，英雄已經確立事業目標，把爭當本行業第一流甚至第一名作為目標，至少比較周圍人要前進一步。為實現這個目標，英雄一方面發展自身能力，一方面積極籠絡其他精英高手，組成一個事業集團，帶領集團前進。

在這個階段，英雄的實力比較弱小，為迅速獲取更大實力，除去使用很大的正面方法，還會採取相對多的反面方法，使用「陰謀」。這種方法的危害較小，此時英雄被人關注少，也容易被人忽略。

第四階段：轉折階段，解決重大問題。

任何一個英雄的成功之路都是非常艱難的。距離成功之前，總會或多或少碰到一些重大困難，或者是內在的心魔，或者是外在的敵人，形成一個轉捩點。邁過去，一步登天，邁不過去，墜入深淵。前後如同兩重天，英雄必須加倍小心。

第五階段：登頂階段，享受民眾尊崇。

經過一番奮鬥，事業目標已經成功實現，英雄成為一個行業的老大，至少比周圍人強的多。英雄到此時才成為真英雄，得到社會民眾的普遍認可與尊崇。

第六階段：保持階段，不失英雄本色。

一個人取得成功並不難，難的是如何保持這種成功。歷史上許多大人物成功後，能力大漲，掌握巨大的權力和財富，自愛心膨脹，於是乎變得得意忘形，貪得無厭，為所欲為，大肆擴張，結果從成功走向失敗，曇花一現，甚至晚節不保，就從英雄變為梟雄，更甚至變為奸雄，身敗名裂。例如，項羽推翻秦朝後，得意忘形，對下屬分封不公，不知道籠絡民心，結果失敗。袁世凱當上民國總統後，忽然夢想更進一步，要當皇帝，登頂不行還要登天，結果從頂峰一下子墜入深淵。

英雄在成功後，雖然自豪，但是心態冷靜，想方設法去保持自己的成功，不忘初心。

在此階段，英雄使用反面方法相對較少，因為具備強大實力而沒必要使用大量反面方法，但會使用一些混雜方法，使用「陽謀」。

事實表明，無論是英雄還是精英，同凡人之間有差別，但沒有天壤之別，無數英雄都是從凡人堆裡脫穎而出。英雄開始所處的環境條件，所經歷的事情和人物，所產生的思想變化，往往和凡人差不多。最大差別在於，英雄有一顆「我要發達」的心，因此立大志，廣交精英，幹一番事業。而凡人只有一顆安安穩穩的心，不願意結交人脈，關起門來獨自過，自然難以發達。因此，凡人要想成為英雄，需要培養一顆英雄的心。

此外，凡人還要具備複雜的頭腦，能夠靈活處置複雜情況，因事制宜。世界上永遠不存在一種簡單的成功學。如果真的有簡單的成功學理論，那麼英雄就會變成大白菜。想成就大事，必須讓頭腦複雜。

第二章

英雄奉行薄紅硬學

從小到大，我們都非常羨慕那些功成名就的英雄人物，希望學習他們做人處世的風格，渴望成為其中一員。因此，瞭解他們的真實全部面目，考察其成功歷程，會給我們以極大的啟迪。

失敗的人物各有各的特點，成功的英雄總是相似的，具有大體相同的做人風格。英雄處世，心懷薄紅硬目的，使用程度較大的薄紅與厚黑方法，尤其遇到對撞情況選擇正確方法，順利度過實現事業的六大階段，從而不斷向頂峰攀登，最終一覽眾山小，成為英雄。

一、漢始皇劉邦

在我們中國漫長的歷史中，有兩個朝代得到世界尊敬，即漢朝和唐朝，稱為漢唐盛世。其中，漢朝是中國第一個緊密統一的朝代，奠定了中國疆域、民族和文化的基礎。而開創漢朝的人正是漢高祖劉邦。

提到劉邦，許多人認為他是一位聰明的小人，遠遠不如其對手項羽高尚。其實，劉邦本質上是一位非常自愛博愛的人，大紅心腸薄臉裡子，非常愛護臣民，只不過他的臉裡子和心腸都很硬，有些不拘小節，特殊情況下臉皮極厚手腕極黑，被喜歡獵奇的文人加以渲染，如同小人而已。劉邦依靠的是薄紅硬學而非厚黑學成為一代英明帝王，千古英雄。和其他英雄一樣，劉邦的英雄之路也分為六大階段。

第一成長階段：疑似地痞。

劉邦出身於普通農民家庭。他從小狂放不羈，不愛上學愛蹺課。他成為孩子頭，聚集一些小孩到處遊逛，帶著他們到哥嫂家裡蹭飯吃。成年後，劉邦不喜歡到農田勞動，還經常到酒館賒酒喝。

鄉親們都認為劉邦是個地痞無賴，沒有出息。劉邦的父親也惱怒，訓斥劉邦不如他哥哥劉仲會經營。其實，劉邦父親誤解劉邦了。劉邦胸懷大志，以魏國政治家信陵君為偶像，效仿其風格，結交各種人物，待人豪爽大度。

十七歲時，劉邦打聽信陵君的資訊，得知他已經去世，其門客張耳繼承其風格，聲名遠播。於是，劉邦跋涉幾百里地去拜訪張耳。張耳非常欣賞劉邦的氣度和談吐，成為知己。後來，秦國滅掉魏國，張耳成為秦廷通緝犯，門客都散去。劉邦無奈，只好回到家鄉沛縣。

從張耳那裡，劉邦學習到結交人物的經驗和技巧，並且把那些品德和能力都突出的非凡人物作為結交重點。於是，劉邦認識了沛縣的人事局長蕭何、典獄長曹參、賣葦箔為生的勇士周勃、賣狗肉為生的勇士樊噲等人。他們經常在一起談論大事，每個人都被劉邦的高談闊論折服，劉邦隱然成為這個小集團的領袖人物。

由此可以看出，劉邦很早就有出人頭地、在政治上做一番事業的願望。至於他不喜歡勞動，不屑做一些粗陋的活計，這也是許多英雄人物的「通病」，幹大事的人往往不願意做一些與大事無關的小事，不願意掃一屋而志在掃天下。另外可以看出，劉邦很早就具備才幹和人緣，因此受到張耳等人的敬重和喜愛。劉邦統一天下坐上皇帝之後，拿早年被訓斥的事和父親開玩笑：您看我和劉仲到底誰創下的基業大？父親哭笑不得。

第二從業階段：芝麻官。

劉邦三十幾歲時，經過蕭何的推薦，做了秦朝沛縣泗水亭的亭長，相當於現在的派出所長。至此，劉邦正式踏入政治路途。雖然亭長連七品芝麻官都不如，劉邦卻認真負責，當地治安良好。在這個職位上，劉邦和沛縣的官吏們混得很熟，結交了更多人，在沛縣大有名氣。

有一次，劉邦押送服役的人去咸陽，在路上碰到秦始皇出巡。看到壯觀威嚴的場景，劉邦羡慕地說：「大丈夫就應該這樣啊！」也許從這個時刻開始，劉邦內心升起做皇帝的念頭。

由於劉邦好吃懶做，沒人願意把自己女兒嫁給他，直到四十歲仍然單身。這時，天上掉下來一段美好婚姻。沛縣縣令的好友呂公來到沛縣居住，許多人去拜訪，劉邦也去湊熱鬧，而且大言不慚地說：我出賀禮一萬。呂公聽說後親自出來迎接，看到劉邦器宇軒昂的相貌，就把自己的女兒許配給他。

有人說，相面不是封建迷信嗎？其實，相面具有一定的科學根據。一個人的氣質可以顯示其內心世界。內心有雄心壯志的人往往會產生很高的自尊心態，促使人擺出尊貴的表情，尊貴表情經常出現就會把相關的臉部肌肉和神經固化，形成尊貴的氣質，在平時狀態下也會顯露一些痕跡，被別人看到。頭腦靈活的人其表情也是豐富的，也會形成智慧的氣質。事實證明，呂公的眼光確實毒辣，劉邦以後成為皇帝，女兒呂雉貴為皇后。

第三發展階段：起義首領。

西元前二〇八年，劉邦押送徒役去驪山修建陵墓，半路上逃跑的多。為避免被官府責罰，劉邦乾脆釋放全體徒役。這個壯舉感動一些人，隨著劉邦逃亡。西元前二〇九年，陳勝和吳廣發動起義。項梁和項羽也起兵，立楚王后人做楚懷王。劉邦出深山，在蕭何、曹參配合下攻下沛縣，被民眾推舉為沛公，領導大家起事。

俗話說，群眾的眼睛是雪亮的。大家公推劉邦做帶頭人，就說明劉邦善於做人處世，在大家心目中有威信。從此，劉邦的命運發生轉折，從一個有點玩世不恭的人變成一個幹大事的人。

劉邦攻打下秦朝幾個地方，在下邳遇到張良。張良足智多謀，深諳兵法，善於戰略謀劃。他以前對別人講解《太公兵法》，別人都不太理解，但是對劉邦講解，劉邦一點就透，並且欣然採納他的建議。張良原來計畫投奔其他將領，見到劉邦如此睿智和大度，就改變主意，願意輔佐劉邦。而劉邦得到張良輔助，如虎添翼，對敵作戰不斷取勝，手下軍隊越來越多。劉邦以後投奔項梁和項羽，四處征戰，積累戰功，成為一員大將。

劉邦率領軍隊西征，到達高陽，當地儒生酈食其拜見。但劉邦在召見他時，正盤腿坐在床上，讓兩個女子給他洗腳。酈食其十分不滿，直接斥責劉邦。劉邦立即起身道歉，整理好衣冠後按照禮節重新接待了酈食其。酈食其看到劉邦改邪歸正，就忠誠輔佐劉邦，取下陳留重地。

劉邦待人的確有些傲慢無禮，但並不固執己見，發現錯誤，就敢於承認，立即改正，這種品德是非常優秀的，甚至非常難得，足以彌補其不謙虛的毛病。正所謂，臉皮厚，吃個夠。有些人就是臉皮太薄，內心明明知道自己錯誤，也不出口承認，因為，立即承認自己錯誤，是有點傷害自尊心的，臉上掛不住。但是，任由錯誤繼續存在，最終自己會收到更大的懲罰。

此後，劉邦採取收服納降的策略，保證投降者的生命和財產安全，因此樹立了一個賢君的形象，一顆溫暖柔軟鮮紅的仁心戰勝了無數冰冷鋒利的刀劍。從此，歸降者絡繹不絕，起義軍兵不血刃地就佔領了許多地方。劉邦逐漸壯大了軍事力量，最終奪取咸陽，秦王子嬰被迫投降，秦朝至此滅亡。

劉邦進入咸陽後，被皇宮內的珍寶和美女驚呆了，立即住進去享受。張良則規勸：大王你之所以順利攻下咸陽，就是因為秦王做事不義，失去民心支持。你現在的做法和秦王一樣，恐怕後果不好。張良一席話，點醒劉邦，立即封存皇宮，撤軍回到霸上，並且和百姓約法三章：殺人者判處死刑，傷人者和搶劫者依法治罪，其餘凡是秦朝的法律全都廢除，一切官吏和百姓都像往常一樣安居樂業。這個策略非常收買人心，關中百姓非常喜歡劉邦，唯恐劉邦不在關中做秦王。

第四轉折階段：做漢王收韓信。

項羽進入咸陽後，火燒阿房宮，屠殺秦王子嬰和秦國宗室，大肆掠奪財寶和婦女，弄得秦人個個怨恨。這和劉邦形成鮮明對比。項羽封劉邦為漢王，領地是巴蜀，同時削減其軍隊至三萬人。劉邦內心不樂意，但是表面上很順從。

劉邦到巴蜀，最大的收穫是得到韓信。韓信是一個軍事奇才，最善於領兵打仗。他原來投靠的是項羽，幾次給項羽出謀劃策，都不被採納，官職也很小。韓信就投靠劉邦軍隊。韓信和蕭何幾次談論軍事戰略和戰術，蕭何斷定韓信有極大軍事才能，因此向劉邦推薦。

此前，劉邦對韓信並不認識，出於對蕭何的信任，決定任命他為將軍。這已經夠不錯的了。看到蕭何還不滿意，劉邦有些氣惱，不過劉邦是聰明人，信任蕭何的眼光與忠誠，就說：那就讓韓信做大將軍，統領全部軍隊。把他招來立即任命。

劉邦說完，看向蕭何，覺得他這下應該滿意了，不料蕭何接著提出批評和建議：大王您平素傲慢無禮，現在拜大將如同呼喚小孩，韓信因此會離開。你必須選擇吉日，進行齋戒，設置拜將台，舉行儀式，這樣才可以。劉邦一聽，有些惱火，這太委屈自己高抬韓信了。不過，劉邦最終還是聽從蕭何的建議，由此可見劉邦具有寬廣的胸懷。

韓信拜將之後，立即向劉邦分析天下局勢指出，項羽做人殘暴吝嗇，而你仁厚慷慨，人心追隨你，項羽最後必然失敗。劉邦聽後，十分喜歡韓信，並且給予豐厚的關照，和自己用一樣華美的衣服與食物，軍國大事言聽計從，一點也不打折。如此一來，韓信更加臣服劉邦，等到以後實力壯大，也沒有背叛劉邦。事實證明，韓信是一個軍事奇才，但在項羽和劉邦那裡，待遇有天壤之別，由此可以看出英雄劉邦具有廣闊的胸襟和超凡的眼光，而項羽作為梟雄就差一些。

第五登頂階段：滅掉項羽。

項羽分封天下不久，殺掉楚懷王，後來齊國造反，他不得不到齊地平叛。劉邦打著為楚懷王報仇的旗號，重返關中。劉邦讓蕭何坐鎮關中，供應軍需，讓韓信去項羽側後方活動，而自己正面對抗項羽。從此，劉邦和項羽進行了長達四年的鏖戰。在戰爭初期，項羽力量強大，劉邦屢次被打敗，折損大量人馬。但是，關中百姓恨透項羽，喜愛劉邦，在蕭何調度下，就拼命出人出物資供應劉邦。劉邦逐漸和項羽拉平力量。

韓信在項羽的側後方進攻，憑藉卓越的軍事才能，佔領廣大區域。前二〇三年，韓信攻佔齊國。此時，劉邦被項羽圍困，命令韓信派兵援助。而韓信趁機派遣使者向劉邦要求，做一個代理齊王。劉邦聽後勃然大怒，破口大罵：「我被項羽日夜圍困，你韓信不來救援，還要自立為王。」身旁的張良捅一下劉邦的腳後跟。聰明的劉邦立即醒悟：此時韓信今非昔比，實力龐大，如果不拉攏，他很可能獨立。於是，劉邦改口說：「大丈夫要做王就做真齊王，哪能做假的呢。」劉邦立即下令，封韓信為齊王，鑄造印信，派張良親自去宣佈。韓信得到齊王的官職後，更加忠心於劉邦，隨後發兵，把項羽圍困於垓下消滅。

在封韓信為王這件事情上，劉邦做的非常高妙。作為王，等於是一個獨立王國，享有領地的軍事、人事和財政大權。所以，對於任何一個皇帝而言，分封王如同割自己的肉一樣，不是容易的事情。另一方面，如果不分封韓信為王，就得不到韓信的強大支持，劉邦就很難打敗項羽。劉邦處在左右兩難的對撞情況下，果斷拋棄身上「一塊肉」，換來最終勝利。

韓信在劉邦危急時刻要官，也給劉邦留下惡劣印象。因此，垓下之戰剛勝利，劉邦就隻身闖入韓信軍營，用迅雷不及掩耳之勢搶奪韓信的兵符，改立韓信為楚王，消除一大隱患。由此可見，劉邦在該用厚黑手段的時候就用，一點也不含糊。

劉邦稱帝後不久，詢問群臣：「我為什麼取得天下？項羽為什麼失去天下呢？」王陵回答：「陛下傲慢因而侮辱人，項羽慈愛而尊重人。但是，陛下派人攻城掠地，攻克後就賞賜給他，和天下人一起享受。項羽妒賢嫉能，傷害有功的，懷疑賢明的，戰勝後不給功勞，得到城池後不給人利益，因此失去天下。」劉邦回應：「你只知其一不知其二。運籌帷幄，決勝於千里之外，我不如張良；鎮守國家，安撫百姓，供給糧餉，我不如蕭何；率領百萬軍隊，戰必勝，攻必取，我不如韓信。這三人，都是人傑，我能使用他們，因此取得天下。項羽有一個謀士范增，卻不能完全使用，因此被我消滅。」

後人都崇拜劉邦自己的評價，認為這是他取勝的關鍵。其實不然。張良、蕭何與韓信，只是三個英雄人物。劉邦善於駕馭英雄，更善於駕馭民眾。劉邦取勝的關鍵就是王陵所說的仁厚，我們所說的薄紅。當時，秦朝用殘暴的法律控制百姓，百姓苦不堪言，而劉邦仁慈大度，與秦朝正好相反，因此得到人民的愛戴。

至於王陵所說項羽的「仁而愛人」，不過是指在日常交往的禮節方面，項羽顯得彬彬有禮，顯得愛護人而已。項羽自詡為貴族，因此言談舉止都遵循規定禮節，以顯示自己的高貴身份，獲得別人賞識，並非從內心愛護他人。一言概之，項羽遵守禮節，是超常的自愛使然，而非博愛使然；是耗費口舌的小道德，而非耗費權力和利益的大道德。

第六保持階段：愛民如子。

建立漢朝後，劉邦採取仁厚的政策治理天下，在政治上廢除秦朝的嚴酷法律，減輕刑罰，在經濟上減免徭役，降低稅收，國家和人民得以休養生息。

有的人認為，劉邦除掉韓信是不仁不義的黑心之舉。其實，劉邦對待韓信仍然表現出較大的仁慈紅心。

在西元前二〇一年，即劉邦做皇帝六年後，有人告發韓信謀反。劉邦逮捕韓信後，因為沒有明確的證據，而且心中不忍懲罰他，就釋放了他，不過從楚王降為淮陰侯，軟禁在長安。因此韓信懷恨在心，計畫謀反。

第二年，韓信謀劃讓舊將陳豨在外地反叛，使劉邦親自前去平叛，然後自己在長安叛亂，結果被呂后抓住殺死。請大家注意，是呂后而非劉邦，殺掉韓信。劉邦聽說韓信被殺，是什麼態度呢？用司馬遷的話來講就是「且喜且憐之」，混雜矛盾。一方面，劉邦對韓信的確有不滿和猜忌之心。當年，劉邦和項羽在滎陽激戰，要求韓信派兵，韓信卻趁機要脅劉邦封他為齊王。垓下之戰前夕，劉邦命令韓信出兵圍困項羽，韓信卻遲遲不動，等到劉邦給他明確劃分封地之後才發兵。這兩件事都顯示韓信不夠忠心。另外，韓信具有非常高超的軍事才華，在軍隊中威信極高，一旦造反，很可能打敗劉邦，劉邦對韓信不得不警惕。

另一方面，由於韓信立下太多功勞，劉邦不願意殺死韓信，因此對待韓信之死表現出矛盾心理。不過，這足以顯示出劉邦的寬厚人品。

大君子，大偉人，紅心腸，薄臉裡，劉邦也！

二、無冕之皇曹操

三國時代的曹操是一個非常有個性的英雄人物，以至於被一些人看做奸雄，但在主體上仍然是英雄，其臉裡子薄，心腸紅，而且特硬，普遍使用正面方法，個別時候敢於使用較強反面方法，臉皮之厚，手腕之黑，令人咋舌。曹操的成功之路同樣經歷六個階段。

第一成長階段：頑劣少年。

與劉邦出身平民不同，曹操出生在官宦世家。小時候的曹操機警過人，不拘禮俗，放蕩不羈，喜歡飛鷹走狗，圍獵比武，活脫脫一個紈絝子弟。曹操的叔叔厭惡他的做法，隔三差五向其父親曹騰告狀，曹騰就責打曹操，曹操決定報復。

一天，曹操看到叔叔走過來，就立即倒下，嘴角歪斜，口吐白沫，裝出一副中風的樣子。叔叔趕緊跑去跟曹騰說曹操中風了。等父親慌忙跑過來，曹操早就收拾好了。曹騰詢問曹操。曹操委屈地解釋：我根本就沒有病，可能是叔父不喜歡我，所以才詛咒我。此後，曹騰不再相信兄弟的話了，小曹操可以自由玩耍了。從這件小事就可以看出曹操的過人之處，善於演戲欺詐，不過其目的和效果不算壞，而且當時是小孩，做事難免頑皮。

年輕時期的曹操機智警敏，任性好俠，不規規矩矩地謀生做事，所以當時許多人認為他沒什麼特殊才能。但名臣橋玄對曹操說：「天下將亂，非命世之才不能濟也，能安之者，其在君乎？」大臣何顒評價曹操：「漢室將亡，安天下者，必此人也！」以知人著稱的名士許劭對曹操說：「君治世之能臣，亂世之奸雄。」曹操聽後十分高興。許劭這個評價一半好一半差，但是曹操不惱怒，反而欣喜。這就說明，曹操認可許劭的評價，符合自己的實際。曹操以後的行為也表明，他思維不機械，十分重視目的和效果，不太在乎方法，不受正面方法的絕對約束。

曹操的能力也很強大。他自幼喜愛武藝，本領高強。他還博覽群書，尤其喜歡兵法。這些活動促使他走向軍事生涯。有一次他還潛入奸臣宦官張讓的宅子，企圖刺殺張讓，遭到圍攻，最後揮戟全身而退。這件事就足以表明，少年曹操具有非常仗義和勇敢的品質，堪稱大君子。

第二從業階段：嚴正官員。

二十歲的曹操被任命為洛陽北部尉。洛陽為東漢都城，有許多皇親貴戚，很難治理。曹操一上任，就嚴格頒佈禁令。被皇帝寵倖的宦官蹇碩有個叔叔，叫蹇圖，違禁夜行，飛揚跋扈。曹操毫不留情，把他打死。於是，「京師斂跡，無敢犯者」。曹操因此得罪了蹇碩等一些當朝權貴，被調離都城。

一八四年，黃巾軍起義爆發，曹操打敗一支義軍後，管轄濟南，下屬十多個縣的長吏勾結權貴，貪贓枉法，肆無忌憚。曹操之前歷任官員聽之任之。曹操剛正執法，大力整頓，一次免去十分之八的長吏，震動濟南，貪官污吏紛紛逃竄，社會恢復清明。這兩件事充分證明，曹操身懷正氣，心系百姓，心腸紅燦燦，不過心硬如鐵，手段狠辣，心硬手辣。這也是必須的，用霹靂手段，顯菩薩心腸，否則心軟手軟無法治理嚴重的官場腐敗。

第三發展階段：成為大軍閥。

經過黃巾軍的衝擊，天下紛亂，地方勢力割據，漢朝的權威更加衰落，朝廷內部爭鬥加劇。太原高官董卓趁機進入京城，廢除原來皇帝，另立漢獻帝，並控制他。

董卓企圖拉攏曹操，曹操拒絕並逃亡，路過曹操父親的結義兄弟呂伯奢的家時，呂伯奢熱情款待他。呂伯奢說家中沒好酒，就出門買酒。曹操起了疑心，到後院觀察動靜，聽到有人說：「縛而殺之，何如？」曹操認為那些人要殺他，因此拔劍殺死了呂家八口人。最後，他看到廚房裡綁著一頭豬時，才知道錯怪了好人，後悔不迭。出門後，碰到買酒回來的呂伯奢，曹操索性一不做二不休，把他也殺死，並說出一句名言：寧教我負天下人，休教天下人負我。

曹操當時受到董卓通緝，提心吊膽，生怕被人舉報，因此反應過敏，誤殺呂伯奢家人，情有可原。隨後將錯就錯，誅殺呂伯奢，也是被迫無奈。你想，曹操把呂伯奢家人殺死，呂伯奢能放過曹操嗎？很可能去官府舉報，逮捕曹操。

曹操在家鄉招兵買馬，向天下倡議討伐董卓。經過幾年奮戰，曹操消滅周圍許多大小軍閥，擁有較大勢力，成為一個大軍閥。

第四轉折階段：奉天子以令諸侯。

董卓被呂布殺死後，漢獻帝在洛陽孤立無援，生活困難。許多軍閥都認為漢獻帝是個無用之人，如果弄來養著很麻煩，因此都不予理睬。但是，曹操卻認為，漢獻帝畢竟是名義上的全國皇帝。漢朝皇室雖然衰落，但是曾經統治全國幾百年，在人民心中還有很大影響力，漢獻帝還是非常有用的人物。於是，一九六年，曹操護衛漢獻帝到達自己的地盤許昌，給予物質保障和適度尊重。

漢獻帝給予曹操回報，授予他大將軍，曹操獲得高於其他文臣武將的地位。此後，曹操經常借助漢獻帝的名義，指揮天下，打擊敵人，拉攏同盟，所謂挾天子以令諸侯。

同時，因為尊奉皇帝，曹操還獲得天下大批知識份子和謀士的擁護，荀攸、郭嘉等名士投靠曹操。尤其是郭嘉，富有戰略才華，曹操把他當做第一大謀士，十分親近，拿著他不當下級而當朋友，行則同車，坐則同席。在嚴於治軍的曹軍裡，郭嘉有很多行為不拘常理，但曹操不以為然，豁達對待。曹操手下紀檢官員陳群，上奏章批評郭嘉行為不檢點。曹操一面表揚陳群檢舉有功，一面卻對郭嘉絲毫不查辦，甚至為他開脫說：「此乃非常之人，不宜以常理拘之」。而郭嘉也不辜負曹操的厚愛，為他出謀劃策，搶佔地盤，壯大力量。

第五成功階段：官渡之戰統一北方。

二〇〇年，當時最大的軍閥袁紹進攻曹操，雙方在官渡決戰。相持三個月，曹操的糧草儲備已經不足。為渡過難關，曹操偷偷命令糧草官「可用小鬥代替大鬥發放軍糧」。時間一長，士兵們終於發現軍糧缺乏的秘密，開始不滿，吵嚷喧嘩，軍心動搖。曹操發現事態嚴重，立即把糧草官斬首示眾，公開宣佈：糧草官用小鬥發放軍糧，盜賣軍用糧草，罪該萬死！

其實，糧草官為曹操做了擋箭牌，替死鬼。但是，底下的士兵可不清楚內幕，看到把罪人處死，軍心就穩定下來。借用糧草官的人頭，曹操挺過暫時困難，又出奇兵，燒毀袁紹的糧草，取得勝利，成為天下霸主。可見，成就一番大事業，離不開強硬和欺詐手段。當然，這類反面方法不到萬不得已不可用。

在打掃袁紹住地時，曹操發現了自己屬下很多戰將私通袁紹的信件，那些心裡有鬼的將士個個膽顫心驚，驚恐無比。但曹操下令，將搜來的信件根本不拆閱，立即燒毀。事後有人問原因。曹操解釋：與袁紹開始交兵時，敵強我弱，我尚且不知勝負，手下的將士能預料嗎？

發現下屬私通敵人，讓誰都會發怒，進行懲罰。而曹操根本不追究，不僅體現寬容大度，而且體現精明幹練。當時情況危險，下屬有叛變的心態情有可原，不見得這些人是真正的奸臣；不追究這些人，等於給予他們大恩大德，就會讓這些人死心塌地忠心自己。而且，私通的數量太多，如果處置很麻煩。以後的事實也證明，那些將士都忠誠於曹操，幫助曹操三分天下。官渡之戰的勝利使得曹操統一北方，取代袁紹成為實力最大的軍閥。二〇八年，曹操自任漢朝丞相，操縱朝政。

第六保持階段：稱雄三國。

赤壁之戰後，曹操手下人心浮動，曹操毫不畏懼，採取措施穩定內部。士人階層借赤壁大敗一事嘲諷曹操妄自尊大。為堵住眾人口，曹操寫作一篇文章《讓縣自鳴本志令》，敘述自己從政的歷程。文中有這麼重要一句：設使天下無有孤，不知當幾人稱帝，幾人稱王。意思是，假設天下沒有我，不知道會有多少人稱帝稱王，漢朝早就消亡了，你們這些依託漢朝的士人階層也會消亡。這句話相當霸氣自負而且真實，一下子擊潰了流言蜚語，甚至讓一些保皇派也改變態度，開始尊敬曹操。

曹操厭惡沒有真本事卻靠嘴皮子找麻煩的士人，決定面向天下招攬各種人才，因此接連頒佈三道詔令。第一令鮮明提出「唯才是舉」的口號，希望與賢人君子共同治理天下。第二令擴大招才範圍，特別說明，不怕用有缺點的人才，不會用品德來限制人才錄用。第三令範圍更大，甚至提出，用人不在乎有「污辱之名」。此令赫然寫道：以前伊摯、傅說出身奴隸，管仲為齊桓公的反賊，都能用來興盛。蕭何、曹參是小縣吏，韓信、陳平負有污辱的名聲，受人嘲笑，最終成就大業，千古留名。即使「不仁不孝而有治國用兵之術」，並非不可起用。這三令不拘一格選拔人才，發出後，震動天下，各類人才紛紛投奔曹操。

在當時十分講究門第和品德的社會環境下，曹操頒發這三令，簡直把道德踩到腳底下，既在人們意料之外，又在情理之中。有品德者未必有才，有地位者未必有才，反而是不拘泥道德的人才會思路開闊，地位低下的人才會勤奮學習獲得才能。

而且，古代對於道德的界定很複雜，也許穿衣服不符合規範就算無品德，因此當時所謂的無德之人只是在細小方面不符合規範。這樣唯才是舉，雖然魚龍混雜、泥沙俱下，不可避免地招來一些歪才和奸才，但是會吸收大量有真才實學的人到來，彙集在曹操手下，曹操不想發達都難。通過招攬人才，也可以看出曹操本人的做人態度，對正統的道德規則不是那麼絕對服從，畢竟道德規則只是方法而不是道德宗旨和效果。

曹操畢竟是大英雄，赤壁慘敗後沒有被拖垮，而是精心整頓，東山再起。穩定局勢後，曹操再次出征，打敗孫權，迫使其稱臣。並且挫敗劉備手下大將關羽的進攻。曹操一舉扭轉赤壁之戰後的局勢，使得魏國力量強悍，自己地位更加穩固。

曹操到死都沒有稱帝。如果他自己稱帝，廢黜漢獻帝，不過是舉手之勞，漢獻帝根本沒辦法應付。因此，曹操內心是紅的，不是黑的，實質上屬於忠臣。曹操死後，其子曹丕廢黜漢獻帝，自己稱帝，追封曹操為魏武帝。曹操當一回皇帝，在地下。

三、草根皇帝劉備

三國時代有三個英雄：曹操、孫權和劉備。前兩人都出身於權貴家庭，財產和人脈豐厚，起步之時就具有強大的政治和經濟力量。只有劉備出身於平民加窮人，嚴重缺乏政治和經濟力量。然而，在與曹操、孫權以及其他豪傑的較量中，劉備最終三分天下有其一，令人嘆服。讓劉備成功的特有資本就是其超人的薄紅硬學，其臉裡子之薄而硬，心腸之紅而硬，冠絕千古；特殊情況下，其臉皮之厚，手腕之黑，世界罕見。

第一成長階段：大度少年。

劉備是西漢景帝之子中山靖王劉勝的後代。四百多年過去，劉備家庭早就衰落，皇室宗親的作用消失的一乾二淨。劉備的父親當個小官吏，但很早死亡，孤兒寡母不得不依靠編織草鞋涼席為業，艱難謀生。不過，此時劉備就具備超越凡人的大志向。他家房子籬笆邊上有一顆十幾米高的大桑樹，樹冠上尖下圓，遠遠看去如同巨大的車蓋，讓人聯想到皇帝座駕的車蓋。經過的人都覺得這棵桑樹不是凡間之物，認為劉備家必出貴人。劉備和同家族的小孩在樹下玩耍，指著桑樹對大家說：我以後肯定會乘坐有這樣蓋子的車。劉備叔父劉元起聽到這話，斷定劉備不同凡人，從此出錢培養，拜大儒盧植為師。

在盧植門下，劉備結交了公孫瓚等權貴子弟，沾染上一些貴族作風，喜歡遛狗賽馬、聽音樂、穿漂亮衣服。劉備此時既有貴族氣派，又有君子作風，不愛說話，喜怒不形於色，和善對待底層人，喜歡結交有勢力的豪傑如張飛等，名氣傳播四方。來涿郡販馬的大商人仰慕劉備的風度，給予其資助，劉備又用這些錢財來結交更多豪俠。

《三國志》評價青年劉備有漢高祖劉邦的風範，就是指的劉備待人寬厚大度，豪爽仗義。這是他超越旁人的資本，以此聚集力量，彌補家庭身世的不足。

第二從業階段：鎮壓起義軍。

一八四年，爆發黃巾軍起義。劉備依靠一些商人的資助，自己招募軍隊。此時，關羽因為殺人流亡到這裡，投靠劉備。劉備對待關羽和張飛如同親兄弟親切，一起吃睡，二人都非常感動，從此鐵心追隨劉備，成為其手下大將。對待叛亂的黃巾軍，劉備一反對待常人的和善，勇敢兇猛作戰，取得多次勝利。顯然，對付敵人，和善是沒用的。

因為軍功，劉備被朝廷封為安喜縣縣尉，踏上仕途，人生掀開新的一頁。在此值得一提的是，在歷史傳說中，劉備是個只會哭泣的低能兒。其實，真實歷史中的劉備具有很高的軍事與政治才能，與黃巾軍作戰就顯示出這一點，江山是不可能哭來的。可惜，好景不長。後來，朝廷下旨：精選淘汰那些因軍功做官者。涿郡督郵打算遣散劉備，劉備知道消息後求見督郵，準備疏通一下。但是督郵避而不見。劉備大怒，闖進督郵住所，把他捆綁起來鞭打兩百下，然後掛印逃走。都說劉備以仁愛聞名，殊不知劉備也有兇狠之處。對待百姓要仁愛，對待敵人和非難自己的人，就不要客氣。這就是做英雄的兩個手段，缺一不可。

劉備投靠老同學公孫瓚，被封為別部司馬。以後多次剿滅賊寇，被封為平原國相，開始治理一個地方。他嚴厲打擊那些投機商人，平抑物價。對待地位卑微的百姓，劉備都能與他們同席而坐，同桌而食。劉備親民愛民的舉動深得民心。有個被劉備收拾的惡霸派遣刺客去暗殺劉備。刺客接近劉備後，劉備對他十分禮貌。刺客大為感動，袒露自己實情後就離開了。由此可見，仁心不是刀劍而勝於刀劍。

第三發展階段：流浪天下。

經過黃巾軍衝擊，天下形勢開始大亂，軍閥混戰。劉備在各路軍閥的夾縫中掙扎，不得不投靠許多軍閥，又不得不背叛他們。這件事情似乎顯得缺乏尊嚴和仁心。其實，這是劉備的無奈。由於缺乏強大的背景，劉備與其他軍閥相比顯得實力薄弱，無法穩定佔據一個地盤。為個人生存，他不得不投靠某個軍閥。如果太在乎個人尊嚴，不去投靠別人，自己很難活下去，更無法發展。

劉備投靠一個軍閥之後，軍閥要麼排擠他，要麼自己也被其他軍閥擊垮，所以劉備不得不到處尋找存身之所。這絕不是劉備不夠忠誠。其實，擴展來看，如果把劉備看做厚臉裡子者，那麼三國時期的大軍閥都是厚臉裡子者。曹操、袁紹、袁術、呂布、孫權之間也是時而聯合，時而開戰，甚至反反覆復，一片混戰，誰也不是誰的穩定盟友。置身於這種背景下的劉備，怎能做到始終穩定呢？

第四轉折階段：收諸葛亮。

來到荊州後，劉備尊敬士人，善待百姓，很快得到荊州人的歡迎。名士徐庶向劉備推薦諸葛亮做軍師。劉備三顧茅廬，終於請得諸葛亮出山。諸葛亮為劉備制定了三分天下的戰略決策，指出在目前階段，劉備沒有能力從曹操和孫權手下搶地盤，而且必須聯合孫權抵抗曹操的進攻，然後到四川偏遠地帶搶地盤，站穩腳跟後再圖謀整個天下。

後來，劉備依照諸葛亮的戰略安排，終於三分天下，成為一代雄主。有些人覺得劉備三顧茅廬是很正常的，理所當然的。因為諸葛亮是大戰略家，為劉備提出了三分天下的戰略構想。其實，三顧茅廬很不簡單。當時，二人年齡和身份相差懸殊。劉備已經四十六歲，諸葛亮不過二十七歲，還是毛頭小夥子。劉備南征北戰，名滿天下，擔任左將軍，號稱劉皇叔，而諸葛亮不過是一個種地的農民。雖然得到名士的讚譽，但是畢竟沒有實際成就，有名不副實的嫌疑。許多大人物絕不會自降地位，去邀請諸葛亮。但是劉備就是仁義謙虛，就是愛才。

第五登頂階段：攻佔四川。

二〇八年，曹操進攻孫權。在諸葛亮策劃下，劉備和孫權聯合，在赤壁戰敗曹操。之後，劉備佔據荊州，接著圖謀四川。

當時佔據四川的是劉璋。此人過分慈善，無法懾服部下。他手下有個謀士張松，帶著四川地圖，計畫獻給曹操。曹操厭惡張松相貌醜陋，張松離開。而劉備盛情款待張松，張松被感動，把四川地圖獻給劉備。劉璋手下大將張魯叛變。張松出主意，建議劉璋請劉備進入四川消滅張魯。劉備進入四川後，竭力拉攏文臣武將。但沒有立即攻打劉璋。等到張松事情敗露被劉璋殺死，劉備正式攻打劉璋，佔據四川。

佔據四川，本來是諸葛亮隆中對的一個戰略步驟。然而，真正實行起來，似乎顯得不仁不義。劉璋請劉備來幫忙，給他兵馬，結果劉備反客為主。可見，大仁大義的劉備不僅僅是臉皮偶爾厚，而且手腕也很黑，心腸很硬，不是吃素的主，敢於使用反面方法，成大事不拘小節。

第六保持階段：治理國家。

劉備平定四川之後，立即進行治理。值得強調的是，劉備批判了劉璋的所謂德政：動輒實行大赦，損害法律威嚴，惡人小人趁機作亂，社會陷入混亂。劉備治理國家，參照商鞅的法律，制定嚴格的法律，並且結合儒家道德教化，恩威並施，王道霸道兼用，最終使得國家吏治清明，社會安定繁榮起來。

此外，劉備在遺詔中告誡劉禪，「勿以惡小而為之，勿以善小而不為。惟賢惟德，能服於人。汝父德薄，勿效之。可讀漢書、禮記，間暇曆觀諸子及六韜、商君書，益人意智。」其中，商君書就是商鞅的作品，提出了極端嚴格地管理國家的策略。

由此可見，以仁德著稱的劉備做人做事，並不絕對和單純地使用仁德手段，相反的強硬手段也是必不可少的，其心不僅紅，而且很硬。這就是英雄的實質。

四、帝聖李世民

眾所公認，中國歷史上最偉大的皇帝是唐太宗李世民。他主政期間，對內愛惜人民，對外打敗突厥，創造了貞觀之治的盛世。像其他英雄一樣，他具備高度的薄紅硬目的，嫺熟地掌握薄紅與厚黑兩種方法，因此正史言其正，野史言其野，皆有道理。

第一成長階段：少年英雄。

李世民家世顯赫，父親李淵是隋朝大臣、隋煬帝的表親，母親是北周皇族竇氏。出身貴族的李世民，從小受到良好教育，顯得聰明果斷，學習武術，擅長騎射，待人寬宏大度，不拘小節。

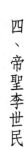

西元六一五年，隋煬帝楊廣在雁門關被突厥軍隊圍困。十六歲的李世民參加雲定興的軍隊去救援。他向雲定興提出虛張聲勢的疑兵之計，被實行後，解救了隋煬帝。從這件事情就可以看出，李世民從小就具有謀略，是一個少年英雄。

第二從業階段：投身軍事。

西元六一六年，李淵出任太原高官，李世民跟隨。到太原後，李世民沒有擺出高官兒子的架子大出風頭，而是放下身段，結交當地的豪門貴族和江湖人士，從而掌握大量人脈。

當時太原發生各種叛亂，還有突厥人入侵，少年李世民多次跟隨李淵出征，積累了軍事經驗，提高了軍事能力。

第三發展階段：起義平定天下。

隋朝皇帝楊廣在位期間，實行暴政，不得民心，天下大亂，紛紛造反。看到這種情況，李世民勸告父親李淵起兵造反。但是，李淵是隋煬帝的表哥，而且十分忠君，不願意造反。怎麼辦呢？李世民施展出狡詐的手腕。他知道，李淵和負責晉陽行宮的裴寂是好友，就決定先收買裴寂。他拿出一大筆錢，讓一個部下陪著裴寂賭錢，讓部下故意輸錢。借此機會，李世民陪著裴寂遊玩，趁著裴寂贏錢高興的時候，談起勸說李淵起義的計畫。裴寂就爽快地同意了。

李世民還準備一個「殺手鐧」，讓裴寂暗中把晉陽行宮的兩個美麗宮女，以普通民女的身份送給李淵。裴寂就勸說李淵起兵，李淵還是不同意。裴寂拉下臉就說：我送給你的那兩個美女，其實是服侍皇帝的宮女，你已經犯下欺君大罪，如果被皇帝知道就是死罪，不想造反也不行。軟硬兼施，李淵最終同意起兵，並且答應起義成功後立李世民為太子。

李世民策反父親李淵這件事情，說明其手腕夠黑。在古代，造反是最大的惡行。當然，從整個國家考慮，推翻暴君又是大善，說明李世民心腸夠紅。

決定起兵之後，李世民還面臨一個大難題，北方突厥的侵犯和威脅。因此，李世民和李淵商議，派遣使者向突厥稱臣，聯合突厥一起進攻隋朝，答應把戰利品給突厥。突厥可汗十分高興，送給李世民兩千精銳騎兵和大量戰馬。

向曾經的敵人和異族稱臣，這是非常高明的策略，既消除突厥的威脅，還得到突厥的幫助，一反一正，李世民受益匪淺。不過，這是非常丟臉面的事情，沒有極大的隱忍力是做不到的。當李世民坐上皇帝後，親自帶兵打敗突厥，迫使對方真的稱臣，一雪前恥。

六一七年，李世民為前鋒，李淵統帥大軍攻佔長安。唐朝建立後，疆土只限於關中和河東一帶，尚未完全統治全國，因此，李世民經常出征，逐步消滅各地割據勢力，立下大功。

第四轉折階段：虎牢關之戰。

在決定天下歸屬的虎牢關之戰中，李世民將智謀、勇猛、耐心、果斷等各種統帥才能發揮到了極致。六二二年，李世民打敗王世充，逼迫他困守洛陽。在河北稱王的竇建德率領精銳主力十餘萬人前來支援王世充，進逼虎牢關。李世民親自率領三千五百名玄甲精兵為前鋒增援虎牢關，結果大破竇建德十餘萬眾，活捉竇建德。隨後，洛陽的王世充被迫投降。李世民一舉平定竇建德、王世充兩大軍事集團，統一中國北方，奠定唐朝版圖基礎。戰役結束後，李世民回到京師，受到長安軍民的隆重歡迎。自此李世民威望日隆。

李世民為什麼取得戰爭勝利呢？從做人處世的角度看，有兩點非常重要。第一點是身先士卒。親自率領騎兵突擊敵陣。這一點很重要，因為每個人都怕死，但是當官的在前面衝，下屬的血性和勇氣就被調動起來，格外勇猛。在當代，當老闆和當高管的，也要掌握這條規則，同樣有效。

第二點是，李世民善於拉攏屬下。說一件小事。一次，他和大將尉遲敬德出外作戰，晚上一起睡到一個床板上。尉遲敬德睡夢中把腳擱到李世民身上，李世民都能忍受，不驚動他，一直待到天亮。這讓尉遲敬德十分感動，為他出生入死。

因為李世民軍功顯赫，西元六二一年，李淵封李世民為天策上將，位在王公上。李淵又下詔特許天策府自置官屬，李世民因此開設文學館，收攬四方俊傑。文學館與秦王府相結合，儼然形成一個小政府機構。

第五登頂階段：玄武門之變。

天下平定後，李世民功名日盛，太子李建成隨即聯合弟弟李元吉，排擠李世民。李世民內心自然不願意屈居人下。太原起兵是李世民的謀略，李淵曾答應他事成之後立他為太子，結果未能如願。

李世民手下擁有許多謀士和戰將，戰功赫赫，勢力雄厚。唐朝統一全國共有六次戰役，李世民就參與其中四個，在官民之中威望極高。因此，李世民對於李建成並不在內心臣服。兩人矛盾無法化解，親兄弟成死敵。

李建成對李世民非常嫉恨，多次謀害李世民。一次，李建成邀請李世民喝酒，暗中下毒，李世民中毒後大吐血，僥倖醫治好。李世民非常仁厚，忍受下來，沒有主動反擊。但是，李世民不是迂腐的傻瓜，明白哥哥想害死自己。他雖然不主動反擊，但是暗中也積極準備，秘密收買李建成的親信，一個是謀士王晊，一個是掌管皇宮正門玄武門的官員常何。另外收集李建成淫亂後宮的罪證以做備用。

一次，突厥進犯唐朝，李建成推薦順從自己的弟弟李元吉為元帥，並且提出徵調李世民的手下大將尉遲恭等人歸李元吉指揮。被收買的王晊悄悄告訴李世民：李建成和李元吉的目的就是在餞行時殺死你和手下大將。

得知李建成的陰謀，李世民召集親信商議。面對這種險惡情況，李世民的大將紛紛勸說李世民反擊，李世民終於下定決心。

李世民連夜進入皇宮，秘密上奏父皇，告發李建成和李元吉與後宮的嬪妃淫亂。李淵將信將疑，決定第二天召集李建成和李元吉詢問此事。

第二天，李建成和李元吉來到玄武門前，按照規矩，單獨進入玄武門，親身衛隊留在外面。李建成也感覺有些危機，但是認為玄武門的官員常何是自己親信，沒問題，就和李元吉一起進宮。哪知道，常何已經背叛自己，暗中讓李世民帶兵埋伏在玄武門。李世民趁機親自射死李建成。李元吉也被尉遲恭殺死。

殺死李建成之後，李世民帶兵闖入皇宮，逼迫父親李淵放權，自己成為太子。玄武門之變後兩月，李淵退位，李世民登基做皇帝。

李世民為斬草除根，殺死李建成和李元吉的所有兒子，也就是自己的親侄子，這一點在今天來看顯得殘暴無比，似乎顯示李世民缺乏博愛心。但確屬無奈。李建成當太子多年，勢力遍佈天下。如果其兒子不死，他們會非常痛恨李世民，利用皇親的身份組織勢力，發動報復，奪回皇帝位置，引起天下大亂。

對於建成和元吉的下屬，儘管他們也曾經是自己的死對頭，但李世民採取優待措施，全部釋放，甚至重用。這說明李世民的寬宏大度。同時，用此拉攏人心，化解敵人，也是很高明的策略，因為那些人對他本人沒什麼仇恨，都是奉命行事。處死李建成後，李世民召見其下屬謀士魏徵，威嚴斥責：「你為什麼挑撥我們兄弟的關係呢？」大家都為魏徵擔驚受怕，魏徵卻坦然回答：「如果已故太子早些聽從我的進言，肯定不會有今天的禍事。」李世民素來器重他的才能，今天又欣賞他的坦蕩和對主子的忠誠，於是以禮相待，賜予官職。這一寬容舉動折服許多人，尤其是許多和魏徵一樣身份的人，從此忠心對待李世民。

這整個事件顯示出，李世民具備又紅又硬的心腸和靈活的頭腦，敢於使用嚴重反面的方法。以前他多次忍讓兄弟的暗殺，說明其頗重弟兄情誼，心腸極紅，最後忍無可忍才反擊，殺死兄弟，說明其心腸夠硬，不是迂腐之輩。同時，多次受害而最後反擊也是一種策略，因此得到自己手下和其他大臣的同情和支持。如果一開始就反擊，殺兄逼父，估計會遭到當時恪守傳統道德的眾多將士的反對，很難成功上位。

第六保持階段：貞觀之治。

坐上龍椅後，李世民認認真真治理國家，善待臣民。他經常以亡隋為戒，在政治上，注意克制自我欲望，囑咐臣下莫恐上不悅而停止進諫；經濟上，薄賦尚儉。最為難能可貴的是，李世民規定自己的詔書也必須由門下省「副署」後才能生效，從而有效地防止了他在心血來潮和心情不好時作出的不慎重決定，不貪婪權力，不過分自信。

幾年功夫，國泰民安，社會夜不閉戶，道不拾遺，史稱貞觀之治。西元六三〇年，全國判處死刑的囚犯只有二十九人。兩年後，死刑犯增至二百九十人。年末，李世民准許他們回家辦理後事，來年秋天再回來就死。到時候，全部死刑犯返回，無一逃亡，堪稱奇跡。治國如此，英雄人也！

五、官聖曾國藩

曾國藩是中國近代史上備受關注的風雲人物。一個普通的農家子弟，以並不超絕的資質，後來挽狂瀾於既倒，扶大廈於將傾，被譽為清朝「中興第一名臣」，一代「官聖」。其為人處世、縱橫官場的方法被後人津津樂道，嘖嘖稱奇，無限敬仰。

不過，在我看來，曾國藩並不神秘。相比於凡人和其他英雄，曾國藩仍然是薄紅硬學的奉行者，只不過其薄紅硬的水準極其強烈，特薄特紅也特硬，既超常地使用薄紅方法，也超常地使用厚黑方法。

在人生歷程中的重要關頭，憑藉最豐富的力量，他高明地審時度勢權衡利弊，該用正面方法就用正面方法，該用反面方法就用反面方法，左右逢源，縱橫自如，成功地利用機遇化解風險，最終名利雙收，善始善終。

第一成長階段：農家子弟。

曾國藩出生於晚清一個地主家庭，自幼勤奮好學，才智過人，從小養成一種非常自愛甚至自大的性格。曾家家風良善，養成他十分愛國愛民的思想。青年曾國藩知道，要出人頭地，必須考取功名。因此，他努力讀書，對於其他小事都不會計較分心。

曾國藩在長沙嶽麓書院讀書的時候，有一位同學性情暴躁，因為曾國藩的書桌放在窗前，那人就說：「我讀書的光線都是從窗戶進來的，讓你遮著了，趕快挪開！」見同學一副蠻不講理的樣子，曾國藩一句爭辯也沒有，而是很快照他的話移開了桌子。

第二從業階段：二品大員。

一八三八年，曾國藩中進士，入翰林院，從此在京城生活。心中的志向實現一些，開始暴露出本性。他做人傲慢，脾氣暴躁，爭強好勝，經常和別人發生爭論，甚至大打出手。有一次，是和同鄉的一個京官鄭小山，兩個人因為吃飯的時候意見不合就打了起來。什麼髒話都罵了出來。

隨著在京時間增加，曾國藩接觸了許多大儒和大學者，被他們的淵博知識和睿智思維所折服，因此立志做一個有學問的人，開始轉變自己的做人風格。在個人事情上，他開始變得寬容隨和，嚴格遵循儒家禮儀，堪稱大君子。

不過，曾國藩不是迂腐頑固的主，非常精明地利用道德，不會做道德的傀儡，為發達可以「弄虛作假」。他學業精進，而且關心國家大事，忠心耿耿，逐漸得到軍機大臣穆彰阿重視，打算提拔他。

一次，穆彰阿向道光帝稟報新任翰林侍講時，針對道光皇帝極重天倫的特點，特別稟報曾國藩家祖父母、父母、弟妹、妻子、兒女一應俱全，堪稱有福之家。道光皇帝聽後果然非常高興，詢問曾國藩有什麼超人才能。穆彰阿一下子被問住了，敷衍說：「曾國藩善於留神，過目不忘。」道光皇帝下旨叫曾國藩次日進殿覲見。第二天曾國藩進殿後，被帶到一處從未去過的房間等候召見。他一直等到臨下朝時，有太監來通知，皇上有事，今日不見了，明日再來。曾國藩覺得事情奇怪，必有隱情，趕緊向穆彰阿求教。穆彰阿明白皇上的用意，問曾國藩：你是否留意房中擺設，特別是牆上的字畫。曾國藩回答：只等皇上召見，哪還注意那些。穆彰阿立即派遣自己手下，到皇宮裡打聽到那間屋子裡的字畫，再告訴曾國藩背誦。

第二天，道光帝果然詢問曾國藩，是否留意那個房間字畫上大清祖宗歷朝聖訓。曾國藩此時顯示出厚臉皮，回答留意過，絲毫不為作假而臉紅。他有備而來，對答如流。道光帝十分高興，特下詔諭穆彰阿曰：「汝言曾某遇事留心，誠然。」從此，曾國藩落入皇帝的內心。曾國藩飛黃騰達，幾年後官到二品。

雖然曾國藩有一定的靈活性，但是其性格中耿直佔據主要部分。在個人事情上可以隨和，但在涉及國家大事上，他認為自己是無私和智慧的，所以對於領導、同事和下屬都不忍讓寬容。就算對於皇帝，他也敢於指責。

道光駕崩後咸豐皇帝即位，曾國藩認為滿朝謹小慎微，奉承之風正在刮起，對青年皇帝不是好事，於是上書規勸皇帝。曾國藩把疏稿不僅呈給了皇帝，而且他怕又像以前那樣石沉大海，在上朝時曾把要害之處背了出來，指責咸豐皇帝「驕矜」、「虛文」，而且舉出了一大堆例子。當著文武百官的面受到臣下指責，咸豐龍顏大怒，要治罪曾國藩，幸虧一些大臣請求，得以赦免。

曾國藩的「犯顏直諫」顯示出極強的手腕，雖未成功，但影響極大，使他在朝野內外贏得敢於直諫、忠誠為國的政治聲望。這對他後來組建湘軍，吸收人才有很大作用。

曾國藩雖然在朝廷做官，但是關心國家大事，知道天下恐怕有動盪，因此刻意結交一些英雄豪傑，收攏了江忠源等人。他還接濟在京城的同鄉，他還替家鄉的地方官代寫奏摺，很快樹立起巨大的威望。用他自己的話來說就是「錢則量力資助，辦事則意圖經營」。

第三發展階段：攻打太平軍。

一八五一年，太平軍起義爆發，迅速衝擊半個中國。清朝的正規軍——綠營兵腐朽透頂，毫無戰鬥力。清政府不得不鼓勵漢族人士建立團練武裝，以對付太平軍。一八五二年，曾國藩因母親去世回鄉守孝，不久咸豐帝就下達了要求各地在籍官員督辦團練的詔令。對於抨擊儒家的太平軍，曾國藩恨之入骨，馬上奉旨組建團練。由於以前的仁德聲名，曾國藩幾乎是一呼百應，組成湘軍。

曾國藩對百姓愛之入心，同時對土匪恨之入骨。他認為，亂世須用重典，寧可失之於嚴，不可失之於寬，好像汪精衛的口號：寧可錯殺三千，不可放過一個。在當時，搶劫、盜米之類的案件大為增加，曾國藩果斷採取鐵腕高壓政策，抓到犯人從重從快處罰，殺人無數，獲得曾剃頭的名聲。這樣使得當地的風氣瞬間改變，湖南不僅沒有成為太平軍的新策源地，反而成為曾國藩鎮壓太平軍的後方基地。

此時，曾國藩的耿直性格仍然沒有改變，還敢於兩次抗旨不尊。第一次是一八五三年十月，第二次是一八五三年十二月十二日，咸豐帝以「六百里加緊諭令」的形式，催促曾國藩迅速帶兵救援安徽，結果曾國藩都以船炮未齊，不能草率成行回覆，氣得咸豐帝大罵他不知好歹，自以為是。曾國藩覺得時機成熟後，終於動兵，但是多次戰敗。他幾次自殺，幸虧被部下救起。

在江西對陣太平軍時期，由於曾國藩的耿直，與地方官員關係不好，受到嚴重掣肘，鬱鬱不得志。他向皇帝索要實權，但被拒絕，氣的心生怨恨。正趕上父親病逝，曾國藩於是給皇帝上奏回家守喪，不等回覆，就自行回老家。

第四轉折階段：改善處世之道。

曾國藩在老家一待就是兩年多。此時，太平軍發生內訌，曾國藩的湘軍部下都有所發展，獲得功勳。他本以為皇帝會迅速召回自己，重新上戰場，結果咸豐帝始終沒有啟用他。因此，他非常暴怒，無處發火，就拿家人出氣，自然引來家人的抱怨。

遭遇事業和家庭的兩大不幸，讓曾國藩決定深刻反思自己的所作所為。因為，他深信命理之學：一個人的命運主要是自己造成的，具體說是自己的品德造成的，所謂「命自我始，福自我作」、「心正即運正」。

曾國藩反思到，組建湘軍之後，自己在官場之上一再碰壁，的確有客觀原因，皇帝心眼小，大臣多數有私心，但這屬於人之常情，皇帝的小心眼不是太小，大臣的私心不是太大，十全十美的人是沒有的。造成自己失意的主要原因不是客觀原因，而是主觀原因：認為自己無私而他人自私，人濁我清，認為自己聰明而他人愚蠢，人笨我精，因此高己卑人，鋒芒畢露，經常訓斥或強迫他人，結果遭到皇帝和眾多官員反感和孤立。就算他人完全錯誤，自己也無法改變對方，要想求得事業成功，那就改變自己，順應他人。

為重新出山，曾國藩放下臉面，給許多朋友寫信，表達自己出山的願望。曾國藩的老友向咸豐帝建議曾國藩出山，咸豐帝沒有答應，不過已經在內心留意曾國藩的改變。太平軍內訌之後湧現出一批年輕將領，破除圍困天京的清軍大營，咸豐帝於是重新啟用曾國藩。曾國藩十分高興，再不提任何條件，立刻出山，徹底改變以往做人風格，決定實行靈活務實的態度，向別人的處世方法靠攏，講究一些虛偽、麻木、圓滑、機詐，必要時合光同塵，甚至藏汙納垢，以爭取海納百川的效果。

對於皇帝這個上級領導，他以前直言不諱，以至於給皇帝留下勇於犯上、桀驁不馴、難以駕馭的印象，因此不被信任，得不到大權。重新出山後，曾國藩在形式上給予皇帝足夠的尊重。皇帝命曾國藩率部進入四川。他不願奉命，但也不再公開抗旨，而是連上幾個奏摺，以客觀理由為藉口拒絕，終於擺脫了西上四川、客軍虛寄之苦。對於同僚，以前曾國藩做事直來直去，不太講求虛文俗套。現在則和那些庸官俗吏一樣注意禮儀排場。他在給曾國荃的信中說，與人相處，不能過於拙直：「餘生平不講文飾，到處行不動，近來大悟前非。」在官場生存，必須習慣官場上虛與偽蛇的那一套：「官員及紳士交際，則心雖有等差而外之儀文不可不稍隆，餘之所以不獲於官場者，此也。」原來對那些無用的官樣文章，他不理不睬，現在則每信必複。此前他對人總是持有一種「眾人皆醉我獨醒」的心態。現在他努力包容那些醜陋的官場生存者，設身處地體諒他們的難處，交往時極盡拉攏撫慰之能事，必要時「啖之以厚利」。

對於下級，曾國藩不再慎於保舉，而是「同流合污」了。晚清軍隊，「濫舉」之風很盛。打個小勝仗，統帥都會拼命保舉自己的屬下，不管出沒出力，上沒上戰場，都會得到好處。曾國藩領兵之初，因痛恨此風，從不濫舉，以為僅憑忠義激勵，就可以讓部下出生入死。咸豐四年他帶兵攻下武漢，「僅保三百人」，受獎人數僅占出征隊伍的百分之三。相比之下，胡林翼攻佔武漢一次即保奏「三千多人」，受獎人數竟達到百分之二三十。消息傳開，許多精英人物拋棄曾國藩而投靠胡林翼。

曾國藩認識到真正的清高人士並不如他想像得那樣多，如果「不妄保舉，不亂用錢」，則「人心不附」。只有誘之以「名」，籠之以「利」，才能網羅天下英才。因此複出之後，曾國藩大力保舉，下屬遍佈官場。對於士兵，曾國藩不再一味從嚴，而是寬嚴相濟。他以前對戰爭的搶劫查得很嚴，而現在對於搶劫所得財物，通常不管不問。

從個人經濟方面分析，曾國藩內清外濁，內方外圓。在「清澈」的方面，他終生儉樸，沒有把任何一兩公款裝入自己腰包。在「渾濁」的方面，曾國藩千方百計爭取錢財，不過總是遵循大家共同遵循的「行規」，比如例行的冰敬、碳敬，到地方監考打秋風，手下有名分的送禮，他是照收不誤，還建起各種小金庫。曾國藩按照潛規則收錢，也按照潛規則花錢，和其他官員一樣請客送禮。頭腦簡單者認為，好官都是清官，清官必須一塵不染，像海瑞那樣連棺材都買不起。其實，這樣的清官必然受到其他眾多同僚排擠，做不出什麼大事業。而曾國藩能夠「和光同塵」，與不喜歡的人物交往，從而得到各種人物支持，從此他用人備餉比以前大為順利，最終成就一番大業。經過一番整頓，曾國藩調動起各方面的力量，軍力大增，大舉進攻太平軍。

第五登頂階段：攻佔天京。

一八六四年七月，湘軍攻入南京城。湘軍攻下南京後，城中財物搶劫一空，竟無一銀交與朝廷。曾國荃主張「按民勒繳」，曾國藩不同意，認為這樣會「徒損政體而失士心」，主張各得所獲，「以憐其貧而獎其功」，抓到太平軍俘虜後，曾國藩大都處以剜目淩遲的極刑。因為瘋狂殺戮，曾國藩被人稱「曾屠戶」。據說當時的父母哄騙小孩都這樣說：莫再哭鬧，曾屠戶來了！小孩嚇得當即閉嘴。

第六保持階段：急流勇退。

攻克南京後，曾國藩的弟弟和一些部下奉勸他稱帝。不能不說曾國藩一點也沒有沒有稱帝的心意，而且當時手握二三十萬精兵，門生故吏遍佈全國。曾國藩說自己近乎愚拙，實際上城府很深，頗有心機，頭腦冷靜，最後拒絕稱帝。首先，他內心有很厚的忠君思想。其次，他直接控制的兵力只有五萬人。從客觀條件看，手下大將左宗棠、李鴻章已經獨立，心態不明。而且，清朝對於曾國藩有所防範。攻克了金陵之後，部下非常興奮，曾國藩卻非常焦急。他並沒有受到特別嘉獎，慈禧只給曾國藩幕府中的李鴻章、左宗棠升了很高的宮，只給了曾國藩一個「一等毅勇侯」。還向南京周圍增派綠營兵。這說明慈禧不信任曾國藩，怕他功高蓋主。

看清自己所處的條件，曾國藩上書朝廷，主動解散湘軍，向朝廷效忠和示弱，重新獲得朝廷的信任，升任護衛京師的直隸總督。

綜觀曾國藩一生，他不愧為中興名臣，精明處世，左右逢源，步步青雲，善始善終，成為千古一人。

六、總統林肯

亞伯拉罕．林肯是美國第十六任總統，他在美國人民心目中威望極高，甚至超過開國總統華盛頓。著名如他，並非單純的人，像其他英雄一樣具備極高的薄紅硬目的，同時善於使用薄紅方法和厚黑方法。

第一成長階段：艱難少年。

林肯一八〇九年出生。小時候，他幫助家裡搬柴、提水、做農活等。九歲的時候母親去世。繼母慈祥勤勞，對待丈夫前妻的子女如同己出，對小林肯充滿愛心，林肯也敬愛後母，一家人生活得和睦幸福。由於家境貧窮，林肯受教育的程度不高。繼母對他很好，常常督促他讀書、學習。

第二從業階段：君子作風。

青年林肯開始獨立謀生，他當過農場雇工、石匠、船夫等。

年輕的林肯不管幹什麼工作，都誠懇待人。他當鄉村店員時，有個顧客多付了幾分錢，他竟然不怕勞累，追趕十幾里路去退還。還有一次，他跑了四五里路，給顧客送去缺少的二兩茶葉。憑藉這種超常的真誠，他無論到那裡，都受到周圍人的喜愛，成為「紅人」。

十八歲那年，林肯到達奧爾良，親眼看到了黑人奴隸遭受的非人待遇。他的良心被深深刺中，對同伴說：「等到我有機會來打擊奴隸制度的時候，我一定要徹底粉碎它！」這個豪言壯語顯示，林肯關心弱者，具有極紅的心腸。

在艱苦的勞作之餘，林肯始終是一個熱愛讀書的青年，他夜讀的燈火總要閃爍到很晚很晚。在青年時代，林肯通讀了莎士比亞的全部著作，讀了《美國歷史》，還讀了許多歷史和文學書籍。他通過自學使自己成為一個博學而充滿智慧的人。

第三發展階段：從政。

一八三〇年，林肯一家遷居伊利諾斯州，在那裡他第一次發表了政治演說。由於抨擊黑奴制，提出一些有利於公眾事業的建議，林肯在公眾中有了影響，加上他具有傑出的人品，一八三四年他被選為州議員，從此踏上仕途，把政治作為自己的事業。

兩年後，林肯通過自學成為一名律師，不久又成為州議會輝格黨領袖。林肯做律師時，有一次得知當事人捏造事實，就拒絕代理案件。林肯的一個合夥人受理此案，並且勝訴，得到九百美元報酬，分給林肯四百五十美元，遭到林肯拒絕。林肯被人們看做正義的化身，紅心腸的代表，社會知名度不斷提高。

第四轉折階段：遭遇決鬥。

年輕林肯也有缺點，特別喜歡寫文章挖苦看不慣的人。這種做法既是出於公心，也表現出畸形的極端自愛，通過貶低別人來拔高自己。

一八四二年，他又在當地《春田日報》上發表匿名文章，嘲諷一個叫希爾斯的人，文筆辛辣，引起社會轟動。希爾斯十分憤怒，查出作者是林肯後，立即下戰書與林肯決鬥。雖然林肯不喜歡決鬥，有點驚恐，但為了維護榮譽，只能接受。他準備好佩劍，向西點軍校畢業生學習劍術。到了約定日期，林肯和希爾斯一起來到河岸，準備決一死戰，幸虧在最後一刻，雙方共同的好友趕來規勸，取消決鬥。

在鬼門關上轉一圈之後，林肯思想受到極大震動，因為幾句戲言招致生命危險太不值當了，驕傲尖刻的態度發生一百八十度轉變，變得十分寬容和謙虛，從此再也不寫信嘲諷別人，不再輕易指責別人，不再給自己樹立無謂的敵人。他極高的自愛得到生存需求和博愛需求的規範與約束，具備一些硬度，不再肆意氾濫。

第五登頂階段：當選總統。

一八六〇年，林肯競爭共和黨的總統候選人提名。為實現目的，林肯使用了偽造入場券、不讓對手的支持者入場、對選舉人封官許願等辦法，最終如願以償。

在林肯競選總部的接待室裡，林肯朋友、競選班子成員哈奇和拉蒙自掏腰包，準備好了上等的雪茄煙、葡萄酒、白蘭地和威士卡等，把一些重要的選民代表請來總部，一邊好吃好喝，一邊進行私下密談，敦促他們投林肯一票。

在投票前夕，林肯已回到斯普林菲爾德，動身前對他的朋友交代：「我沒有授權你去搞政治交易，我將來也不承認這種交易。」但是，林肯朋友還是這樣做了。林肯朋友同賓夕法尼亞州、印第安那州和俄亥俄州的代表團領袖們進行秘密交易，鄭重許諾：請你們支持林肯，如果林肯當選，你們將可以進入內閣當官。這些人當場表示支持林肯。

林肯的朋友拉蒙專程拜訪印製選舉大會入場券的印刷廠，私下購買大量的偽造入場券，然後讓自己的招募的大量人混進會場，占滿所有的座位和能立足的地方。如此一來，對手的支持者無法擠進去，被迫在會場外徘徊，急得直跺腳。

五月十八日，大會舉行了提名和投票。當賈德代表發言說「我代表伊利諾州代表團，要求提名本州的亞伯拉罕．林肯為美國總統候選人」時，林肯的另一朋友、主席臺上的庫克掏出了他的手帕，這是一種暗號，示意自己這派招募的人一起歡呼。果然，他們頓時聲嘶力竭地喊叫起來，恍如山崩地裂，為林肯吶喊助威。如願以償，林肯成為共和黨總統候選人。

本年十一月，林肯成為總統，任命的內閣成員中就有那三個州的領導人，實現了他的朋友當初許下的政治諾言。儘管許多人提醒林肯，這些人缺乏政治才幹，無法輔佐他處理政治問題，但林肯沒有聽勸。

在美國總統選舉中，競爭非常激烈。任何人如果嚴格按照法律行事，注定無法勝利。每個人都不得不私下搞一些小動作，拉攏選民，打擊對手，時至今日同樣如此。當然，這些反面方法不可超越社會道德和法律的底線，最好做得天衣無縫，讓人們察覺不出來，至少打個中性的法律擦邊球，讓人們察覺到也無法指責。

第六保持階段：打敗南方分裂戰爭。

南方種植園主厭惡一個主張廢除奴隸制的人當總統，因此發動戰爭，林肯應戰，但戰局不順利。

一八六三年，林肯頒佈《解放黑奴宣言》，從根本上瓦解了叛軍的戰鬥力，也使北軍得到雄厚的兵源。

另外，林肯任命酗酒但富有軍事才華的格蘭特為總司令，扭轉了戰局。

林肯還授權格蘭特採用焦土戰術，以打擊南方軍民的士氣和戰爭能力。由此可見，林肯在個別時候敢於使用兇狠手段。

南方軍隊投降後，林肯指示善待南方將領，不予懲罰，顯示了仁慈的性格。

在一八六四年的總統大選中，林肯成功連任，不久遭到南方奴隸主收買的一個暴徒刺殺身亡。

七、將軍巴頓

美國四星上將喬治・巴頓是一位充滿傳奇色彩的人物。與其他英雄相比，其自愛心和博愛心特高也特硬；其正面方法強，反面方法也強。這引起世人不同評論和非議。他愛出風頭說大話，傲慢偏激說粗話，但是他卻是一個虔誠的基督教徒，還把戰功推給部下。他要求部下絕對服從命令，但是在具體指揮上非常民主，不做干涉。

詭異的是，有時候根本分不清，他的某種行為是正面還是反面。他粗魯野蠻、天不怕地不怕，是巴頓的典型作風，被稱作痞子將軍，一戰時期的潘興元帥甚至把他叫作「美軍中的匪徒」，就連二戰盟軍總司令艾森豪威爾對他也是愛七分恨三分。但是，這種野蠻粗魯又有極端勇敢的成分，人們稱巴頓為「鐵膽將軍」，帶領美軍在二戰戰場上勇往直前，所向披靡。

戰後，巴頓的傳記作家們一直在探討，為什麼如此矛盾的個性在他身上得到完美的統一。其實，他的個人英雄主義、待人粗魯嚴厲，都屬於極端自愛的表現，不過這種極端自愛被博愛牢牢控制著，在目的和效果上都符合當時的整體利益。進一步而言，任何大人物身上都有正面薄紅和反面厚黑兩種相反方法強烈存在，只不過巴頓更加強烈而已。

第一成長階段：優秀學員。

一八八五年，巴頓出生。其家庭非常富裕，而且有著悠久的軍事背景。這些條件培養出巴頓極不尋常的優越感，顯得非常自愛。

一九〇四年，十九歲的巴頓考入西點軍校。

在學習方面，爭強好勝、雄心勃勃的巴頓為自己制定了三個目標，都得以實現。他大量閱讀軍事著作，其軍事知識及見聞變得非常廣博。在待人處世方面，巴頓既嚴格要求自己，也嚴格要求別人。對自己嚴格要求的巴頓不允許自己違反校規，而且別人也沒有發現巴頓有違反校規的行為，但是學校記事簿上卻有兩次他違反校規的記錄，那是巴頓自己記上的，因為他想嚴格要求自己。

西點軍校的學生有個不成文的規定，那就是同班同學之間要和睦相處，如果有學生違反了校規，其他人要竭盡全力替他隱藏，逃過懲罰。但是性格獨特的巴頓卻打破了這一傳統。他鐵面無私猛烈批評那些違反紀律的人，並向學校彙報。因此，巴頓在學校裡就有了「豪豬刺」的綽號。

第二從業階段：坦克兵英雄。

軍校畢業後，巴頓進入陸軍參謀部任職。一九一二年夏季參加了第五屆奧運會五項全能的比賽。巴頓游完三百米時，是被人用船鉤從池子裡撈上來的，因為他根本就沒有任何力氣了。跑完四千米越野賽全程後，他精疲力竭而暈倒在終點前的皇家觀禮台下。他取得第五名，其頑強精神給人們留下深刻印象。

美國將軍潘興十分欣賞巴頓在賽場上的不屈精神，把他招入自己軍隊。美國參加第一次世界大戰後，潘興出任赴歐遠征軍司令，派遣巴頓到法國。巴頓第一次看到坦克，隨即著迷，次年組建坦克部隊。一九一八年九月，巴頓參加一次戰役，身先士卒，負傷後仍然指揮戰鬥，表現得非常勇敢。這一事蹟令巴頓成為美國媒體報導的焦點，也奠定了他「坦克兵英雄」的名望。

第三發展階段：參加二戰。

二戰中，一九四二年，巴頓率領美國軍隊擊敗駐摩洛哥的德軍。

一九四三年三月五日，巴頓臨危受命，接任第二軍軍長。此軍由新兵組建，出名的軍紀渙散，訓練差。而且被德軍擊敗，鬥志渙散。為了提高部隊戰鬥力，巴頓上任第一天就狠抓軍紀。他規定七點半必須結束早餐，撤掉飯菜，晚來一分鐘也沒有飯，過時不候，迫使士兵早起床。接著，他規定包括護士在內的每一個官兵必須帶鋼盔，紮領帶，紮綁腿。他自己以身作則，我們現在看到的巴頓照片，絕大多數都是戴鋼盔的照片。

當時官兵們懷疑巴頓吹毛求疵，不會認真。但是巴頓雷厲風行，到每個地方檢查，專門抓不戴鋼盔的人。甚至一次到廁所去，他正好看見一個士兵蹲廁所沒戴鋼盔，就在廁所外邊等著那個士兵出來抓住。

他對二十五個不戴鋼盔的士兵訓話：我對任何一個不立即執行我命令的兔崽子，都不會容忍的，我給你們最後一次機會，要麼罰款二十五美元，要麼把你送上軍事法庭，我在這裡鄭重地告訴你們，送軍事法庭是要記入軍人檔案的。這二十五個人嚇壞了，立即乖乖地交了二十五美元，這個事情一下子傳遍全軍，引起震動，大家都認真服從巴頓命令。僅僅過去一周時間，第二軍的精神面貌就煥然一新，紀律嚴明。

巴頓還制訂了極嚴格的軍事訓練計畫。經過雷厲風行的整頓，巴頓部下的官兵們，一掃悲觀畏戰的情緒，鬥志昂揚，技術嫻熟，成為一支驍勇善戰的部隊。三月十七日，面目一新的美第二軍向德軍發起進攻，一路猛攻猛打，進展迅速。

第四轉折階段：掌摑事件。

巴頓很關懷士兵。進軍歐洲後，一次，巴頓到醫院看望傷病員。看到一個昏迷的傷患，巴頓咕咚跪在士兵的病床旁邊，在傷兵耳邊說了幾句，把一枚紫心動章，別在這個士兵的枕頭上，最後站起身向士兵莊重地敬軍禮。所有在場的人出乎意料，感動得熱淚盈眶。巴頓給醫院下令：「記住，凡是受傷三次的士兵，就立即送他回國，因為他已為國家盡到自己職責了」。這就是巴頓的仁慈柔情。

巴頓既關懷士兵，施展紅手，也嚴格管教士兵，施展「黑手」。巴頓對士兵常說狗崽子，婊子養的髒話，看到士兵的床頭掛女人像就撕掉。一九四三年七月，巴頓毆打辱罵兩個他認為是膽小鬼的傷兵，被媒體炒作，形成輿論風波。迫於社會壓力，美軍上層要求巴頓道歉。這對於巴頓是一個艱難的抉擇。他個性高傲，認為自己沒錯，但是為事業著想，為成為一個偉大的軍事指揮官，他選擇了妥協，向對方道歉。巴頓在自己的日記中寫道，他道歉時感到噁心。可見，巴頓臉裡子夠硬，也會使用厚臉皮方法。對此行為，盟軍統帥艾森豪威爾在給別人一封信裡評價巴頓：「因為從根本上，他是如此熱切地想要獲得被認可是一位偉大的軍事指揮官，所以對於任何可能威脅到這一目標的習慣，他都會很努力地加以抑制。」

第五登頂階段：二戰結束。

一九四四年，巴頓率領第三集團軍，向萊茵河方向推進。此時，艾森豪威爾打算突出英國將軍蒙哥馬利的進攻，因此約束巴頓進攻，下令減少對巴頓軍隊的油料供應。巴頓的推進速度頓時慢下來。於是，巴頓下達了一個戰爭史上絕無僅有的命令：任何士兵如果能偷到油料，不管是美軍的還是德軍的，都放假三天。一聽這個命令，士兵們樂壞了，積極去偷油。巴頓左右的第一集團軍和第九集團軍倒楣了，油料經常被盜。第九集團軍向艾森豪威爾控訴巴頓，最後這件事不了了之了。巴頓自己還親自「偷油」。每次到上級司令部開會，他都會給自己的專車只加上去程需要的油料，到司令部後再加上回來需要的油料。

一九四五年三月，巴頓為攻擊納粹，感到屬下兵力不足。恰巧，十六日，艾森豪威爾臨時改在巴頓的機場降落。巴頓認為這是一個機會，動用歪點子，施展花招賄賂上級。艾森豪威爾一下飛機，巴頓就帶領儀仗隊和軍樂隊隆重歡迎。隨後，巴頓為他準備了一頓豐盛的宴席，有香檳酒和平時很難見到的各式佳餚，另外還特地找來紅十字會四位迷人的年輕女士坐陪。這一切在前沿部隊很難得，使艾森豪威爾感到十分愜意。晚宴進行到高潮，巴頓邊陪酒邊報告一些戰場好消息，乘機提出：「根據第三集團軍的進展情況，能否再給我一個裝甲師？」早已心滿意足的艾森豪威爾滿口答應。兩天以後，得到補充的巴頓率兵猛進，早於蒙哥馬利渡過萊茵河，進入德國腹地。

你看，高傲霸道的巴頓多麼可愛，他也懂得如何討好別人！甚至，當巴頓認為這種阿諛行為能達到他的目的時，他會毫不害臊地去施展。「他是一個拍馬大師」海軍中校布徹在比較瞭解巴頓之後在日記中寫道：「一旦他和艾森豪威爾之間有任何分歧意見，他都能以一種恭敬的態度默許最高司令官的意見。例如，在一次活躍地討論歷史問題時，他對艾克說，誰要是懷疑最高司令官觀點的正確性誰就是愚蠢的，尤其是他現在——用巴頓的話來說——是『世界上最有力量的人物』。」

巴頓打仗兇狠，但絕不蠻幹。在每一次作戰中，巴頓都想方設法減少傷亡，設計最佳的戰鬥方案。在美軍部隊中，巴頓部隊的相對傷亡率是最少的。即使是在最殘酷的阿登作戰中，他的部隊傷亡也是最小。由此可見，巴頓在野蠻的手段之後，隱藏著對士兵和國家的摯愛。

第六保持階段：軍事長官。

二戰結束後，巴頓被任命為駐德國巴伐利亞州的軍事長官。此時，他不改自己的性格，對於政局說一些過激的言論。後來因為車禍死亡，一個將星結束其傳奇一生。

八、經營之神王永慶

在臺灣，家喻戶曉的成功企業家是王永慶，被譽為「經營之神」。與許多成功者不同的是，王永慶屬於「窮二代」。他之所以取得成功，除去過人的商業眼光之外，還有他與眾不同的做人理念，這概括起來就是薄紅硬學，目的上唯一薄紅硬，方法上共用薄紅與厚黑。

第一成長階段：艱苦童年。

童年的王永慶跟著母親出外去撿煤塊和木柴，補貼家用，仍然是饑一頓飽一頓。他七歲那年，父母下決心拿出積攢的錢，供他上小學。王家儘管貧窮，但是王父十分正直，喜歡接濟更窮的人，這也促使王永慶變得非常正直和善良。王永慶九歲時，他的父親臥病在床，他就幫助母親努力幹活。他勉強讀到小學畢業，不得不結束求學之路。

第二從業階段：少年老闆。

十五歲的王永慶意識到，自己在家鄉沒有發展前途。要想掙大錢，出人頭地，必須到外面闖蕩。可見，少年時期，王永慶就具備高度的自尊自強意志，立志做出一番事業。這就是英雄成功的原動力。

經過親戚介紹，王永慶來到嘉義縣城，在一家米店裡做小工。他聰明伶俐，留心觀察老闆經營竅門，快速積累起經驗。第二年，他請父親幫助借錢兩百元，自己開辦米店。此時，王永慶年僅十六歲，可謂人小志大。這時有大小米店三十多家，銷售管道十分固定。王永慶的店面在偏僻小巷，很少有顧客光顧，生意冷清。他背著米挨家挨戶去推銷，無濟於事。

王永慶沒有打退堂鼓，而是認真思索。他意識到，要讓顧客購買大米，自己必須找到「賣點」——符合顧客需要而且其他店沒有的東西。當時加工技術落後，大米裡面摻雜著一些沙子、米糠，顧客煮飯前要淘米多次，很不方便。發現這個賣點之後，王永慶把大米裡面的雜物全部用手挑揀出來。這樣，顧客就樂意購買他的乾淨大米。

王永慶還發現，年輕人都出外打工，來店裡買米的多數是老年人，搬運大米很費力。他就主動幫著顧客往家裡送米，並且倒入米缸。這還不算完，如果米缸裡還有陳米，他就把陳米先拿出來，擦乾淨米缸，再把新米倒進去，最後放陳米。王永慶的經營方法非常切合顧客的需求，受到歡迎，創出名氣，銷量大增。只用一年多，他就積累一些資金，擴大了生產規模。

第三發展階段：進入木材行業。

後來，王永慶做木材生意，很會拉攏客戶。現在華夏海灣塑膠有限公司董事長趙廷箴，當時從事建築生意，建廠時需要大量資金，於是向王永慶求助。王永慶非常乾脆地借給他十幾根金條，還不收利息。趙廷箴深受感動，廠子建好以後，工程上所需木材全向王永慶購買，成為他最大的客戶之一。回憶起此事，王永慶說：「人和人之間都是相互回報的。今天我幫他一把，明天他就會幫我一把。」王永慶說的不錯。回報是相互的，你不幫別人，別人也不會幫你。要想得到別人幫助，自己必須幫助別人。

一九四五年以後，日本投降，臺灣光復，建築業快速發展，大量需求木材。生意紅火了，王永慶卻很焦慮起來。因為，木材業門檻不高，很多商人會湧進來，相互競爭，降低行業利潤，最後敗落。自己必須在此之前快速發展。

如何發展呢？如果循規蹈矩，每筆生意都向當局申請，做成的生意很有限，喪失許多商機。王永慶大膽決策，對於影響大的生意去辦理手續，在檯面上做足樣子，而大部分生意在暗中成交。結果，他的生意瘋狂擴張，大發其財。

但這樣做屬於盜伐林木，違反政策，他後來被人告發，被迫逃亡日本，弟弟王永在替他入牢。

這個事情充分顯示出王永慶與眾不同之處，對於政策，敢於違反，這手腕夠黑的。但，不黑難暴富，誠如俗語所講：人無外財不富，馬無夜草不肥。尤其是對於缺乏根基的草根人士而言，循規蹈矩，安步當車，絕對無法發展，自己必須獨闢蹊徑，敢於突破規矩，才能脫穎而出。

第四轉折階段：轉行塑膠行業。

一九四九年之後，王永慶返回臺灣，繼續做木材生意。隨著競爭激烈，他果斷退出木材行業，尋找新項目，決定發展塑膠業。許多人都不願意幹，但王永慶決定幹。

王永慶作出這個大膽的決定，並不是心血來潮，鋌而走險。他事先進行了周密的分析研究，雖然他對塑膠工業還是外行，但他向許多專家、學者去討教，還拜訪了不少有名的實業家，對市場情況做了深入細緻的調查，甚至已私下去日本考察過！他認為，燒鹼生產地遍佈臺灣，每年有70％的氯氣可以回收利用來製造PVC塑膠粉。這是發展塑膠工業的一個大好條件。

一九五四年，王永慶創辦了臺灣島上第一家塑膠公司。投產後，遇到了銷售問題。按照生意場上的常規，供過於求時就應該減少生產。可王永慶卻反其道而行之，下令擴大生產，令人大跌眼鏡。王永慶有自己的算盤。他研究過日本的塑膠生產與銷售情況，當時日本的PVC塑膠粉產量是三千噸，而日本的人口不過是臺灣的十倍，所以，他相信自己產品銷不出去，並不是真的供過於求，而是因為價格太高——要想降低價格，就只有提高產量以降低成本，結果如願以償。

第五登頂階段：行業龍頭。

經過幾十年發展，王永慶下屬企業已經成為臺灣最大的企業集團，在世界上也赫赫有名。

王永慶獲得成功絕非偶然，其原因除去他超強的管事力量之外，還有他超強的「管人」功夫。王永慶下屬成千上萬人，如果管理不好，企業自然垮掉。對於下屬人員，王永慶採用「獎勵管理」「壓力管理」兩套方法，其實質就是正反共用，恩威並施。

王永慶的獎勵分為物質和精神，顯然前者佔據首位。絕大多數人參加工作的動力就是金錢，只賞賜一些榮譽名號是無法打動人心的。

除去公開獎金，王永慶還會私下給幹部發獎金，俗稱黑包。俗話說，重賞之下必有勇夫。員工們都是為錢而工作的，既然老闆給大錢，那麼自己當然會大幹，企業自然是順利發展。

王永慶對下屬給予慷慨獎勵的同時，也是施加巨大壓力，毫不心慈手軟。主管人員最恐懼的是「午餐彙報」。每天中午，王永慶在餐後召見各方面的主管，先聽他們報告，然後會提出很多犀利而又細微的問題逼問他們。為應付這個「午餐彙報」，主管人員勤奮工作，對自己部門的大事小事了然於胸，對出現的問題認真研究，否則難以過關，進而很可能被王永慶辭退。由於壓力過大，許多主管人員患上胃病。

第六保持階段：培養繼承人。

二〇〇一年，為確保台塑企業的永續經營，王永慶開始進行退休交棒計畫。以五年的時間，默默進行交棒佈局，過程從成立決策小組、拔擢新的專業經理人、成立信託基金到轉變由長庚醫院持股組合。二〇〇六年六月五日，王永慶指示成立台塑企業行政中心，以九十歲高齡正式宣佈交棒。此後，他的企業仍然平穩運行和發展。

九、華人首富李嘉誠

在華人商界，最為著名的企業家當屬李嘉誠。自從一九九九年被福布斯評為全球華人首富以來，他連續十五年蟬聯華人首富寶座。他如何取得成功呢？除去其發達的商業才華之外，其過人的處世哲學也發揮重要作用。這種處世哲學自然是薄紅硬學，心懷薄紅硬之目的，共用薄紅厚黑之方法。

第一成長階段：逃往香港。

華人首富李嘉誠現在風光無限，開始則是風光無有，窮困潦倒，在底層掙扎。一九三九年六月，剛剛讀初中的李嘉誠在與家人輾轉到香港，一家人寄居在舅父莊靜庵的家裡，生活難免清貧。

第二從業階段：打工。

一九四一年，其父親去世了，李嘉誠自覺長大了許多，他明白，從此以後他要挑起全家的生活重擔了。儘管舅舅表示要資助李家，但自尊自強的李嘉誠謝絕，決定中止學業，打工掙錢。他相信只要自己肯努力，一定能出人頭地。

李嘉誠四處碰壁，終於找到了個在茶樓跑堂的工作。茶樓是個小社會，三教九流什麼樣的人都有。他們與先父所說的古代聖賢相去甚遠，但一個個都是這麼實在，富有鮮明的個性。他們或貧，或富；或豪放，或沉穩。也許是泡在書堆裡太久的緣故，李嘉誠對茶樓的人和事有一股特別的新鮮感。他會揣測某一茶客的籍貫、職業、財富、性格。由此養成察言觀色的本領，對他日後從事推銷工作大有裨益。

李嘉誠尤其喜歡聽茶客談古論今，散步小道消息。他從中瞭解社會和世界的許多事情。不少事在家庭和學校課堂中聞所未聞；不少說法，與先父和老師灌輸的一套大逆相忤。李嘉誠發現，世界原來是這麼錯綜複雜，異彩紛呈。李嘉誠的思維不再單純得像一張白紙，又因為先父的訓言刻骨銘心，他在紛紜變幻的世界沒有迷失自我的品德。

他後來當五金店推銷員，每天背著大包四處奔波，馬不停蹄地走街串巷，尋找客戶。

作為推銷員，李嘉誠有時不得不壓制自尊心和羞恥感，厚一下臉皮，丟一下面子，去頑固地聯繫客戶。這應該是推銷員的職業素質吧。

一天上午，他進入高檔的君悅酒店推銷小鐵桶，想找老闆，遭到女秘書拒絕。李嘉誠不死心，蹲在廳外的走廊裡，足足過了一小時，女秘書發現後內心不忍，破例向老闆作了通報，老闆一口回絕了。李嘉誠還不死心，繼續等待，連午飯也沒吃。女秘書再次向老闆通報。老闆勉強答應接見李嘉誠。不料，他剛提到五金廠的小鐵桶，竟遭到老闆毫不客氣地拒絕。

李嘉誠無奈轉身離開，走到樓下後，想起一個計策，又轉身上了樓梯，對老闆謙和地說：是這樣，我剛才匆忙下樓是不禮貌的。因為我還沒徵求您對我推銷方式的意見呢。我很年輕，剛做這種生意，難免有些生疏。我只求先生能從長輩的角度，給我的推銷方式提一點寶貴意見！

這番話從不起眼的行為出發，引申出對老闆的尊敬，體現出李嘉誠個人的高度敬業精神，老闆不能不震動，立即對李嘉誠刮目相看。老闆熱情地說：年輕人，你當推銷員很稱職。不過，我們大酒店都從有名氣的廠家進貨。你們五金廠太小，我只能拒絕你。

李嘉誠臉上絲毫沒有怪罪甚至遺憾的表情，通情達理地回答：沒關係，如果我處在先生這個位置，也會這樣做的。趁著老闆欣慰，李嘉誠擴展話題，忽然問道：我猜測，貴店是否從名氣很大的凱騰五金店進的小鐵桶？老闆意外地望著他：「你什麼意思？」李嘉誠真誠地笑笑，說：「先生也許對小鐵桶的生產不太知情。凱騰雖然名聲很響，但是品質並不高。他們不像我廠用進口鍍鋅板材加工，只是用我們拋棄的下腳料加工，但是卻打著進口鍍鋅板的旗號銷售，把許多買主蒙在鼓裡。」老闆非常驚訝，冷靜下來，說：「我佩服你的風度。但是，你為推銷自家產品而敗壞同行聲譽，不太好啊。」

老闆的話很犀利，但李嘉誠巧妙地笑著回應：「您說得對，我不該說出這些同行的秘密。只是因為，我剛才和您交談，感到您人格高尚，不想讓您上當，我這才忍不住失言了。對不起，我要告辭了。請相信我的話，最好不要上當！」李嘉誠走後，老闆查看起來，果然如李嘉誠所說，因此馬上派人去李嘉誠那裡一下子就訂下了五百只小鐵桶，這在當時可算大生意，以後訂單不斷。

在這個事件中，李嘉誠顯示出自身的強硬意志和靈活思維，敢於善於使用反面方法。

首先三番五次求見客戶，表現得賴皮，但本意可敬。接著，他貶低同行，顯得不厚道，但是他不是編造對方品質，而是揭露事實。如果不揭露，自己的生意根本無法進入高檔酒店，自己就無法發展，被迫揭短，這就顯得並非黑心。

有一次，李嘉誠在推銷鐵皮桶時，被一個推銷塑膠桶的對手擊敗。他立即意識到，塑膠是今後發展的主流，因此辭去五金廠職位，投奔一家塑膠廠。

第三發展階段：獨立創業。

一九五〇年，李嘉誠開辦了「長江塑膠廠」。在創業初期，儘管條件異常堅苦，但李嘉誠的工廠很少有員工跳槽的現象，而且產品比較暢銷，還打入了歐美市場。但由於缺乏經驗，生產擴張得過快，工廠接的訂單太多，簡陋的設備和短缺的人手明顯跟不上需要，只注意提高產品數量，卻使產品品質明顯下降，最後出現了許多次品。倉庫中開始堆滿了因品質問題和交貨延誤而被退回來的產品。產品賣不出去，原料供應商則上門逼債，客戶也紛紛上門索賠。這使得「長江塑膠廠」一下子陷入了困境，瀕臨破產。

由此，李嘉誠悟到，「誠」是經商信譽之本。於是他召集員工開會，向他們承認自己經營的失誤，連累了員工，希望員工們原諒，並表示經營一有轉機，辭退的員工即可來上班。接著，他又一一拜訪了銀行、原料商、客戶，向他們認錯道歉，保證在期限內一定償還欠款，並向他們求教拯救危機的對策。李嘉誠的誠實得到了大多數人的諒解，他們也知道「長江塑膠廠」的倒閉同樣對自己不利，在業界同仁們的支持下，李嘉誠終於度過人生最大的難關，多年以後回想這一幕，他仍然心有餘悸。如果當初他不拉下臉，低頭哈腰向客戶和銀行低頭求情，能有他現在的華人首富地位嗎？

第四轉折階段：生產塑膠花。

李嘉誠宣稱他的經營秘訣是真誠，大家也都知道他的許多講真誠故事，但同樣是李嘉誠，在創業初期撒大謊欺大騙。一九五七年，李嘉誠從報紙上得知義大利生產塑膠花，急匆匆去考察，但在那家公司門口戛然止步。按照正規途徑，他應該購買技術專利，但是自己根本拿不出昂貴的專利費；即使自己有錢，廠家也不會輕易對外轉讓新產品技術。看到這家塑膠廠招聘工人，李嘉誠想到一個絕妙的辦法。他的英語水準很高，就去報名，結果入取。

李嘉誠負責清理廢品廢料，因此推著小車在各個工序來回走動，雙眼恨不得把生產流程吞下去。下班後，李嘉誠急忙趕回旅店，把觀察到的一切記錄下來。沒過多久，李嘉誠就熟悉了整個流程，但是還不知道一些保密的技術環節。這也難不倒李嘉誠。他特意結交一些工序的技術工，成為朋友。一個假日，他熱情邀請這些朋友到中式餐館吃飯。大吃大喝的時候，李嘉誠謊稱他打算到其他的廠應聘技術工人，向他們請教有關技術，大致悟出塑膠花製作配色的技術要領。李嘉誠滿載而歸，隨後把塑膠花當作主打產品，贏得了平生的第一桶金，也為他贏得了「塑膠花大王」的稱號。

這些事情都是李嘉誠年輕時期幹的，多少有些不光彩，現在李嘉誠絕不會幹出這樣的事情，但在當時也沒多少不妥，偷學技藝沒有傷害對方，不算邪惡。這個偷藝對李嘉誠的發展起著關鍵作用，如果李嘉誠像他宣揚的那樣單純和絕對誠實，恐怕就難以獲得發展。

第五登頂階段：進軍多個行業。

李嘉誠後來進軍房地產行業，獲得成功。

一九七八年，李嘉誠吸納老牌英資集團九龍倉的股票，意欲控制九龍倉入主董事局。與此同時，英資「置地」和船王包玉剛也加入到收購行列。一時間，商場硝煙四起，大有兩敗俱傷之勢。權衡再三，李嘉誠秘密會晤包玉剛，把手中的一千萬股九龍倉股票轉讓給他，幫助他打敗英資「置地」集團，成功收購「九龍倉」，從而得到這位與滙豐關係不一般的船王感恩。桃李相報，在李嘉誠收購和記黃埔的過程中，包玉剛幫助他成功地從滙豐手中收取九千萬股。李嘉誠得以「蛇吞大象」，以小資本控制大和黃，使事業邁上新臺階。

不管在下層社會還是在上層社會，無論在政界還是商界，單槍匹馬都難以成功，只有幫助他人，才能得到他人幫助，實現自己和他人的雙雙飛黃騰達。

白手起家的李嘉誠，在其長江實業集團發展到較大規模時，敏銳地意識到，企業要發展，人才是關鍵。一個企業的發展在不同的階段需要有不同的管理和專業人才，企業越大，需要的人才越高級。而他當時缺乏高級人才。李嘉誠克服重重阻力，勸退了一批一起打江山的忠心苦幹的「難兄難弟」，果斷起用了一批年輕有為的專業人員，為集團的發展注入了新鮮血液。

李嘉誠這種似乎恩斷義絕的舉動，如果沒有獅子一樣的堅硬心腸，是很難決斷的。而許多企業家就是缺乏李嘉誠這樣的「不講情面」，頑固依靠創業兄弟，甚至局限於家族和親朋，結果無法發展壯大。

第六保持階段：超大集團。

二十世紀八十年代以後，李嘉誠的版圖又進行了一系列的擴張，形成了一個超大型集團企業。

出身寒門的李嘉誠通過半個世紀不懈的努力和奮鬥，從一個普通人成為商界名人並取得了令人矚目的成就，其中固然有他的勤奮和聰明，但每當提起他的成功之時，李嘉誠卻坦然告知，良好的處世哲學是今日成功的前提。

不過，我們現在懂得，這個「良好」裡面包含著複雜的意味和故事。如果他單純使用正面方法，一味自愛自強、仁慈真誠，不耍點反面手腕，就絕不會有現在的李嘉誠。特別是在力量弱小的創業期，尤其需要複雜靈活的頭腦，搜尋一切機會，利用一切機會，施展一切必要手腕，壯大發展。當你是個小蝦米時，做出輕微出格的事情也沒人注意。當你成為大鯨魚，面對的經營困難相對減少，沒必要再幹出格的事情，而且面對的社會監督增大，出格的事情會導致巨大的風險，此時就要提高形象，爭取表現得十足正面。

十、中國大陸首富宗慶後

二〇一〇年，中國大陸新首富宗慶後榮耀登場，並在二〇一二年再次當選。一個賣飲料的竟然成為大款中的大款，令人驚奇羨慕嫉妒不已。宗慶後是一個什麼人呢？就是一個薄紅硬者，內心裡非常自愛和博愛，同時善於使用薄紅與厚黑方法。

第一成長階段：坎坷早年。

宗慶後出生於一九四五年。幾年後，其父親遷回杭州後找不到工作，全家只靠在杭州做小學教師的母親的工資度日。少年時期生活非常貧苦。

第二從業階段：鹽場苦幹。

一九六三年，十八歲的宗慶後到一海灘鹽場工作，一直幹了十多年，每月僅僅二十八元工資。農場的勞動量非常大，每天不是挖溝修壩，就是拉土堆石，簡直如同做苦力。超負荷的勞動量讓很多城裡的年輕人難以承受，脆弱一點的人甚至晚上躲在被子裡哭。宗慶後是一個好勝的人，要做就做到最好。他相信好勝是人類創造力的源泉，是不斷自我超越的動力。他讀書的時候要考第一，打籃球要爭第一，在農場也要成為最好的那個——一顆倔強的心容不得他有任何軟弱。很多年輕人吃不消，但是宗慶後還是很積極，帶領大家搞競賽。拉石頭、堆石方，白天幹不過人家，動員大家晚上幹，趁對方晚上休息，超過他們。

一九七八年，宗慶後回到杭州，進入紙箱廠做推銷員，積累商業經驗。

第三發展階段：四十創業。

宗慶後一直有出人頭地、不甘平庸的野心，希望獨立開工廠。一九八七年，他承包一家校開工廠，十分辛苦的工作，賺到一筆錢。

第四轉折階段：娃哈哈。

在送貨的過程中，宗慶後瞭解到很多孩子食欲不振、營養不良，是家長們最頭痛的問題。一九八八年，宗慶後率領這家校辦企業借款十四萬元，組織專家和科研人員，開發出了第一個專供兒童飲用的營養品-娃哈哈兒童營養液。這時，只有十萬元流動資金的宗慶後膽大包天，敢簽下二十萬的廣告投放合同，以後獲得巨大成功。

第五登頂階段：擴大規模。

一九九一年，宗慶後為擴大生產規模，供應市場需要，打算兼併杭州罐頭廠。當時，娃哈哈是僅有一百餘人的校辦小廠，杭州罐頭廠是有職工兩千多人的公營老廠，工人們堅決反對。市領導請宗慶後去做說服工作。

宗慶後在會場上嚴肅強調：我堅持的原則是管理要嚴、待遇要好。我可以向大家保證，絕對公正地用人。能幹又肯幹的，我會提拔重用；肯幹卻能力不足的，我會妥善安排；能幹卻不肯好好幹，我會堅決開除，絕不留用！他的話深深打動職工。會後，娃哈哈順利兼併杭罐，生產迅速擴張。

第六保持階段：繼續發展。

經過幾十年的拼搏，到二〇一〇年，宗慶後被評為福布斯中國首富。宗慶後獲得成功的秘訣是什麼？概括而言就是運用了薄紅硬學，大膽運用正面和反面方法。

宗慶後的霸道是出了名的，說一不二，絕不允許下屬討價還價。一次，有個專家提問學生們：「提到宗慶後，你們想到什麼？學生們齊聲回答：「娃哈哈！」專家又問：「還想到什麼？」學生們還是齊聲回答：「專制，集權。」專制，就是人們普遍對宗慶後處世性格和管理風格的認知。在公開場合，宗慶後從不忌諱專制思維，他曾經說：大家去看看中國現在成功的大企業，都有一個強勢領導，大權獨攬，我認為在中國現階段要搞好企業，你必須專制而且開明。在早期的娃哈哈公司，宗慶後身邊曾有幾個高水準的男性幹將，包括其親弟弟宗澤後，他們多少有些個性，有時難免不太順從宗慶後，受到嚴責，最後都不得不捲鋪蓋走人。現在，宗慶後身邊的下屬多數是溫順女性，少數男性下屬估計具有女性的溫順性格。

在娃哈哈公司，除了宗慶後本人外，其它任何人都可上可下，可來可走。令人震驚的是，他能一夜之間撤換人事部長和生產部長，中間沒什麼考核程式；他也能一夜之間免掉三四個省區銷售經理，事先並不告知銷售總經理。娃哈哈集團直到現在也不設副總經理，或者說他一人正副都幹了。業內甚至盛傳「買一個掃把都要宗慶後簽字」。他辦公桌上沒有電腦，他至今仍喜歡用「朱批」的文件來下達命令。下屬經理的報告，第一句話習慣寫：「根據您的指示……。」

宗慶後不輕易信任人，不信西方經濟學及管理理論，也不信諮詢公司，亦不信空降兵。他身邊有一些親朋，但幾乎沒有可以交心的親朋。宗慶後說話行事，始終按照自己的方式，直來直去，不客套不拐彎，從來不管別人會如何考慮，如何感受。如果你碰到這樣的老闆，只有服從一條路，否則走人。

這種管理和做人的風格的確是極端嚴厲和專制，顯得不文明，但是適合他的情況。宗慶後具有天才的管理能力和市場嗅覺，決策幾乎都是正確的，自從哇哈哈創立以來，順風順水，一路攀升。因此，下屬對他的霸道不覺得討厭，反而崇拜，口服加心服。宗慶後有資格霸道，霸道可謂他個人特色與魅力。可想而知，如果專制的宗慶後領導企業經常失敗，下屬早就對著幹了，他不改變也不行。

在宗慶後看來，中國的企業不搞集權行不通，他推崇企業管理要實行「民主集中制」，民主是手段，集中才是目的。他認為一個卓越的領導者，必須是一個「開明的獨裁者」。但他也表示：「我的高度集權其實也很民主，不同意見我也會接受，不存在面子問題。」

宗慶後一方面嚴格待人，另一方面更嚴格律己，待人「狠」，待自己更「狠」。他一年三百六十五天每天都在工作，兩百天都在市場一線奔走，親自面見所有一級經銷商至少一次；他一天三頓飯在公司食堂吃；他沒有任何業餘愛好，從不玩高爾夫等富人遊戲；他除了抽兩包煙，消費比員工還低。宗慶後說過一句令人玩味的話：我的幸福指數不如員工。對待員工，宗慶後堅持正與反兩手，不偏廢任何一個。個別人說他面惡，他卻說只有員工知道他其實心軟。宗慶後宣揚「家文化」的企業文化，他把員工當做自己的家人親人看待。宗慶後作為娃哈哈的「家長」把富裕員工當做頭等大事，也是頭等善事，給與高工資甚至分配住房。

現在的生產商對於經銷商往往迎合態度，但宗慶後也實行嚴格管理，一是始終堅持先付款後發貨的原則；二是要求經銷商專做娃哈哈飲料品牌，不得做其他品牌；三是對竄貨砸價者嚴厲處罰，甚至取消經銷商資格。在嚴厲管理的同時，宗慶後也給予經銷商很高的利潤，另外第三條也有利於經銷商，避免他們之間惡性競爭。因此，經銷商總體上大有錢賺，反而對嚴厲的宗慶後忠心耿耿。宗慶後創立了這種「聯銷體」，即編織了一張遍佈全國各地的銷售終端行銷網，與經銷商結成利益同盟體，變一家企業在市場上與人競爭為幾千家企業合力一起與人競爭。

在慈善問題上，宗慶後一度陷入輿論漩渦。二〇一〇年，他剛剛晉升為福布斯富豪榜和胡潤百富榜雙料「中國首富」。就在這個萬眾矚目的敏感時期，他公開拒絕了比爾．蓋茨和沃倫．巴菲特為中國富豪們舉辦的慈善晚宴，結果招致批評滿天飛。其實，外人誰會懂得他那顆心？宗慶後四十二歲才開始創業，花了二十多年時間，到花甲之年打造出一個龐大企業，其間不知經歷過多少苦難，不知付出過多少心血。他容易嗎？絕不容易。因此，他會激烈反抗達能的「侵吞」，果斷拒絕「裸捐」，不會讓慈善綁架企業。

他說過一句名言：「企業家首先是要把自己企業做好，如果有條件、有實力的話，再多做點慈善事業。」這句話聽起來有點黑，其實並不黑，反而有點紅，光明磊落，大義凜然，也說出了許多中國企業家想說而不敢說的心聲，企業家就該首先把企業做好，其次再做慈善，否則主次顛倒，企業垮臺了，什麼慈善也做不來。當然，作為大老闆大富豪，宗慶後絕不會在災難面前袖手旁觀，另外娃哈哈一直堅持對口三峽扶貧、西部大開發等長期的慈善專案。既救貧也造血，這是宗慶後的立場。

回首近二十年的創業歷程，宗慶後曾經在北大的EMBA班課堂上，做過一番經驗總結，其中的第一條便是：不為名，要為利。「我這個人是不要名，有利就行，實際上就是要能賺錢，因為你是在搞企業，如果企業不賺錢，就不可能承擔社會責任，不能納稅，不能安排就業，不能創新，不能推動社會進步，所以，我覺得企業的責任就是賺錢。」

其實，類似的「企業責任」論斷也曾出自宗慶後的同鄉、老友——阿里巴巴公司董事長馬雲：「中國現階段的企業家，最大的善舉就是先把自己的公司經營好，為自己的顧客創造效益，為自己的股東創造回報，為自己的員工提供薪水。」

十一、新富豪馬雲

說起現在最著名的商人，非馬雲莫屬。馬雲的阿里巴巴公司成功在美國上市，本人身價超越李嘉誠，成為眾人仰慕的富豪。馬雲的臉裡子薄而硬，心腸紅且硬，普遍時候非常薄紅，個別時候敢於厚黑，這是他成功的法寶之一。

第一成長階段：努力求學。

少年馬雲是一個十足的「金庸迷」，懷抱著懲惡揚善，行俠仗義的江湖夢，具有鮮紅的心腸，表現鮮紅的手腕。馬雲有一些小夥伴經常被大班同學欺負。馬雲為義氣就和大班同學打架，往往被打得鼻青臉腫。

有一次，可憐的馬雲被打得縫過一三針，受處分，被迫轉學。但是，馬雲仍然樂此不疲。於是，小夥伴都成為馬雲的鐵哥們，把馬雲當做「帶頭大哥」。

俗話說：三歲看大，七歲看老。成年馬雲似乎是童年馬雲的翻版，只不過不是帶著小夥伴用拳腳闖江湖，而是用頭腦闖社會。

一九八四年，馬雲多次高考後被杭州師範學院入取。考學路上，屢敗屢戰，從中可見馬雲內心不一般，總是要出人頭地，擺脫目前生活。

第二從業階段：創業。

馬雲大學畢業後進入大學當老師，依靠發達口才和熱心腸聚攏一些人跟隨。他創建了杭州海博翻譯社。第一個月沒賺到錢反而虧損一多半，大家非常懊喪和茫然。馬雲竟然獨自背著個大麻袋去義烏賣小商品，用賺到的錢彌補翻譯社開支。依靠這種永不言棄和對大家負責的道德精神，馬雲帶領海博逐漸盈利，並且闖出很大名聲。

馬雲第一次被大眾瞭解就是因為他的公益行為。

一九九五年，杭州電視臺做測試，找五六個大漢在馬路上撬窨井蓋，看看是否有人出來制止。結果當晚只有一個瘦小的、頂著一頭亂髮的青年騎著自行車來回繞圈，最後鼓足勇氣指著幾個大漢：「給我抬回去！」這個青年人就是馬雲。

一九九五年，馬雲創立了海博網路，進入互聯網行業。

第三發展階段：創建阿里巴巴。

一九九七年底，馬雲決定離開國營公司，獨立創業。他召集了十幾個下屬，告訴他們兩條道路，一條是推薦他們到北京YAHOO工作，憑藉他們的工作經驗，肯定拿高薪。一條是跟他回杭州打天下。馬雲無法承諾美好未來，只能承諾五百元的工資，而且規定在他家裡上班，在周圍租房子住。

馬雲請大家考慮，第二天答覆。但是大家很快一致同意追隨馬雲打江山。即使很多人內心不情願，痛苦流淚，但是他們經過這些年的共事，認定馬雲有智慧有義氣，跟著馬雲肯定有光明前途。這就是馬雲的人格魅力，薄紅學的感染力。

一九九九年二月，在杭州的家裡，馬雲聚集了十八個下屬，這些人以後被尊稱為十八羅漢。馬雲像個巫師一樣激情演講：從現在開始，我們要做一件偉大的事情。我們將為互聯網服務模式帶來一次革命！啟動資金必須是閒錢，不許向家人朋友借錢，因為失敗可能性極大。我們必須準備好接受「最倒楣的事情」。但是，即使是泰森把我打倒，只要我不死，我就會跳起來繼續戰鬥！從這番言辭裡，不難看出馬雲具有極高的薄硬臉皮紅心腸。把自己所做的事情稱之為——偉大的事情，顯示出十足的自愛，而且有些自吹自擂的意味。只要自己不死就繼續奮鬥，顯示出十足的自強。要求大家使用閒錢創業，顯示出十足的博愛。

在很長的時間裡，馬雲帶領「十八羅漢」艱苦創業，都拿五百元工資，吃三塊錢盒飯。十年後，阿里巴巴公司上市，十八羅漢都成為億萬富翁。吃的苦中苦，方為人上人。

第四轉折階段：蔡崇信加盟。

互聯網企業開始都不是盈利的，需要巨大的風險投資來支撐初期的發展。馬雲四處奔波，為阿里巴巴的發展尋找風險投資。蔡崇信代表Investor AB公司與馬雲談投資合作。

當時的阿里巴巴前途茫茫，但馬雲還是非常自信和煽情地向蔡崇信談了自己「芝麻開門」的夢想，談自己要做全球最佳B2B，要做八〇年企業的遠大理想。馬雲的自信和口若懸河的講話深深感染了蔡崇信。他決定放棄百萬年薪，加盟阿里巴巴，只拿區區五百塊。

以後他解釋說：「阿里巴巴特別吸引我的第一是馬雲的個人魅力；第二是阿里巴巴有一個很強的團隊。一九九九年五月第一次見面在湖畔花園，當時他們有十幾個人。第一感覺是馬雲的領導能力很強，團隊相當有凝聚力。開始做公司，一個人不容易做起來，有了團隊成功的概率會更高。把（阿里巴巴）這個團隊和其他團隊作比較，這個團隊簡直是個夢之隊，我們團隊高層的背景不一樣，各有短長，可以互補。馬雲能認識到別人的長處，瞭解自己的不足和需要幫助的地方。互相彌補的心態很重要，否則會有怨氣和衝突，這是組建團隊的關鍵。這裡有一些做事情的人，他們在做一件讓我感覺很有意思的事情。做這個人生重大抉擇時，沒有非常理智的依據，更多地來源於內心的強烈衝動，我喜歡和有激情的人一起合作，也喜歡冒險！所以我就決定來了，如此而已。」

蔡崇信的到來，使得阿里巴巴開始真正規範化運作，另外促成了阿里巴巴第一次融資，高盛公司提供五百萬美元投資。

第五登頂階段：第一電商。

二〇〇三年五月，阿里巴巴推出個人電子商務網站淘寶網，那時電子商務的霸主是eBay易趣。為挑戰對方，馬雲在eBay辦公樓對面樹起了淘寶的看板——「鯊魚在長江裡是打不過鱷魚的」。eBay向賣家徵收2%～3%的服務費。馬雲「對症下藥」，規定：淘寶網繼續免費三年，並在未來三年內創造一百萬個就業機會。到年末，流失賣家的eBay被迫退出中國。「鱷魚」馬雲依靠許多小客戶「小泥鰍」打敗了「鯊魚」。

趕走對手之前，馬雲對小客戶擺出免費的方法。趕走對手之後，馬雲開始琢磨收費的招數，使用相反方法。二〇〇八年九月，淘寶遮罩了百度搜索，首頁又慢慢消除進入單個店鋪的管道，有選擇性地登載賣家廣告。賣家只能依靠淘寶自己的搜索管道——「直通車」來招攬顧客，而賣家必須掏錢購買流量，出價越高排名越靠前，不出錢根本沒買家進來。圍繞著流量這個核心，淘寶推出更多的收費工具和規則，層出不窮。賣家不得不大量花錢購買流量。

客觀評價，馬雲在為賣家服務的同時，收取費用，這是天經地義的，既符合法律，也符合道德，不賺錢的馬雲如何能夠養活自己員工呢，天下沒有永久免費的午餐。

第六保持階段：踏平坎坷。

二〇一一年十月十一日，淘寶商城突然公佈了下一年度的招商新規，大幅度提高保證金和技術服務費。馬雲的本意是用此招排擠小賣家，他們容易欺詐顧客。但結果引發無數小賣家的集體抗議和反擊，如同風暴淹沒了淘寶網，通過惡意拍貨，瘋狂點擊直通車等方式對商城大賣家進行攻擊，惡意折騰那些大賣家，訴求是要求淘寶尊重小商家的利益。

十月十七日，馬雲匆忙從美國趕回來，親自出面召開新聞發佈會。發言期間，馬雲幾次打開手掌看看，隨後自己解釋說，他特地在手心上寫了四五個「忍」字。馬雲一方面譴責抗議者們身份不明、惡意攻擊，同時也對自己考慮不周作出道歉，宣佈改變政策。對老客戶給一年的緩衝期，保證金減半，並承諾追加投資十八億元，推出五項扶持措施。馬雲還煽情地提到一首歌的歌詞：傷害我最深的，是我最愛的人。以此表達對「鬧事」賣家們的失望和傷感。

在一次媒體懇談會上，馬雲表示，自己是一名商人，商人的目的自然是賺錢，賺大錢，希望自己身上的道德光環不要變成枷鎖。馬雲這句話說得實在，商人不賺錢還叫商人嗎？不過，他有時做的急一些，狠一點，引起賣家的反對。

作為阿里巴巴集團的創始人和領袖，馬雲對內部腐敗事件擺出嚴厲手腕，採取了零容忍的態度，以保證消費者的利益，維護集團的聲譽。為此，他專門組建審查內部腐敗問題的廉政部門，由「十八羅漢」之一蔣芳負責。由此可見馬雲對廉政的重視。有知情者透露，阿里巴巴廉政團隊所占員工總數的比例，在民營企業中最高。二〇一〇年，馬雲果斷清除一千多名涉嫌欺詐的客戶。二〇一一年，他起訴涉及貪腐的員工，一些人因此被判刑，迫使監察不力的公司CEO衛哲等高管辭職。馬雲不愧是「大俠」，既揚善，又除惡，縱橫商海，名利雙收。

十二、世界首富比爾・蓋茨

在許多人眼裡，比爾・蓋茨是智慧、財富和慈善的代名詞。從二十二歲退學建立微軟，到四十二歲成為世界首富，蓋茨只用了短短二十年時間，被美國人譽為「坐在世界巔峰的人」。

蓋茨的成功因素除去他做事的聰明之外，他在做人方面的「聰明」也不可缺少。蓋茨給人的印象從來都是「永遠長不大的大男孩兒」，長相清秀，但是他被業內人士稱為「軟體業裡的撒旦」，「帶你過河，然後吃掉你的狐狸」。一言概之，蓋茨也是一個大大的薄紅硬者，主要使用正面薄紅方法，有時敢於使用較強的反面厚黑方法。

第一成長階段：天才學生。

一九六八年，在湖畔中學上學的蓋茨和同學保羅・艾倫利用一本指導手冊，開始學習程式設計技術，展現天才。高中的時候，蓋茨和艾倫利用當地一家叫做C-Cubed公司擁有的DEC小型機鍛煉了自己的程式設計技術。但是因為是學生，他們不能像該公司雇員那樣獲取更多的資訊，這一點讓他們很惱火。因此，晚上的時候，蓋茨和艾倫就去翻這家公司的垃圾箱，在裡面找有用的東西。有一次，他們居然找到了一份TOPS-10作業系統原始程式碼的列印檔案，這幫助他們揭開了很多秘密。

他們不知從那弄到了該公司電腦的管理員密碼，並用這個密碼偷取了C-Cubed的會計檔。他們希望通過破解檔獲取其中的一個免費帳戶，但是被抓住後遭到驅逐。這兩件事說明，蓋茨從小就不是在道德方面守規矩的人，有點不拘小節。

一九七三年，蓋茨考進了哈佛大學。他的學習成績並不怎麼樣。雖然蓋茨記憶力很好，但他卻有不少「臭毛病」：經常蹺課、不愛洗澡、在程式設計或玩牌時就只吃比薩餅和喝蘇打水。與同宿舍的史蒂夫．鮑爾默結為密友。在哈佛的時候，蓋茨為第一台微型電腦MITSAltair開發了BASIC程式設計語言的一個版本。

一九七五年一月，在當月出版的美國《大眾電子》雜誌上，刊出了一篇MITS公司介紹其Altair8800電腦的文章。艾倫向蓋茨展示了這款機器圖片。數天後，蓋茨就給MITS總裁埃德・羅伯茨打電話，並表示自己和艾倫已經為這款機器開發出了BASIC程式。實際上當時他們一行代碼也沒有寫。一九七五年二月一日，經過夜以繼日的工作後，蓋茨和艾倫編寫出可在Altair8800上運行的程式，出售給MITS的價格為三千美元，但相應版稅卻高達十八萬美元。

蓋茨的做法屬於，開始虛假最後真誠，不過對人們沒什麼害處，這就是做人精明，不拘一格。

在個人交往中，蓋茨對待相同觀點的人，溫情脈脈，對待相反觀點的人，則桀驁不馴。桀驁不馴既是蓋茨父親對他的評價，也是蓋茨大學同學的評價。一個同學回憶：蓋茨聰明得可怕，但是很討人厭，總是很自信，特別好鬥。同學們一想到比爾就覺得他有可能拿諾貝爾獎，但他缺乏禮貌。一旦發現他人的漏洞，他就會用「傻瓜」、「瘋子」的字眼抨擊。

蓋茨的原則是，只有當他處於支配地位時才可能和別人共事。就是對合作多年的好友艾倫，蓋茨也絲毫不示弱。二人相識後不久，蓋茨就對艾倫說：「我很好相處的……只要讓我拿主意就行。」

就連哈佛大學的老師，蓋茨也不買帳。他坐在教室裡，課桌上連個筆記本也沒有，兩手抱著腦袋，用厭倦的神態看著老師在黑板上解題，有時就說：「老師，你那個地方不對，讓我來給你說。」搞得老師面紅耳赤。

蓋茨的早期表現說明，他很早就具備高度自愛，表現出「我是王者，誰與爭鋒」的霸氣，從不甘心居於人後。而且，行為方式霸道無比，很反面。

我們必須要強調的是，蓋茨雖然態度上張狂，但是他的觀點總是正確的，話粗理不錯，別人既難堪又佩服。因此，他狂得適宜。實際上，任何天才都是非常張狂的，遠超普通人的智商賦予高人一等的尊嚴。而且，美國的社會大環境崇尚個性，人們對比爾還是非常敬佩的。如果一個人既無真本事又很囂張，僅有小本事就大肆張揚，這樣就被人們忌恨和反擊。

第二發展階段：創業。

一九七五年，蓋茨毅然決然地從哈佛三年級退學，創立微軟公司。

公司剛起步的時候，衝勁十足、精力充沛的的蓋茨和保羅根本就不知道什麼是疲倦和勞累，他們在一間灰塵彌漫的汽車旅館中租用了一間辦公室，開始了艱苦的創業旅程。他們擠在那個雜亂無章、噪音紛擾的小空間中，沒日沒夜地編寫程式，餓了就吃個比薩餅充饑，實在累得受不了了就出去看場電影或開車兜兜風解困……。

在這個世界上，有許多人認為，只有完全具備了精深的專業知識才能從事創業，但是，在世界創業歷史上先有精深的專業知識再從事發明創造的人很少。不少世界富翁，都是在知識積累到一定程度的時候，就直接對準了目標，然後在賺錢的過程中，根據需要補充知識。

第三發展階段：榜上IBM公司。

一九八〇年，IBM公司的一位負責人詢問蓋茨，有沒有一套適用個人電腦的作業系統。事實是，微軟當時既沒有作業系統，也沒有時間開發。但是蓋茨何等精明，立刻敏銳地意識到，這裡有巨大商機。蓋茨毫不猶豫地回答：是的，我們有這樣的軟體，馬上送去！

蓋茨找到了西雅圖電腦公司，以五萬美元的價格購買他們的DOS作業系統，當做自己的產品向IBM公司展示，從而獲得訂單，以後又精心加工。

榜上IBM這個巨人，微軟開始飛躍。這是蓋茨事業中的重要節點。顯然，他使用了先虛假後真實的手腕。但是，這種手腕於人於己都是有利的，並無害人之處，顯得適宜。

第四轉折階段：windows。

在推出拳頭產品windows的過程中，蓋茨的做人風格再次體現得淋漓盡致。

一九八一年，蘋果搶先開發出了麥金塔軟體，可以提供嶄新的圖形界面。讓別人跑到前面，蓋茨難以容忍，立即對外許諾微軟正在開發顛覆性的新產品，引起客戶無限的遐想和期待。

然而，Windows軟體發展了兩年多，卻一直身陷泥潭，無法突破。蓋茨無可奈何地宣佈，把交貨時間延遲到一九八四年春季。此後，蓋茨不斷宣佈交貨時間，又不斷失信。大家終於失去耐心，新聞界開始拼命挖苦蓋茨：「如果你想成為像比爾一樣的億萬富翁，你必須先學會當眾吹出直徑一寸以上的大泡泡。」

功夫不負有心人。一九八五年五月，蓋茨研製windows成功，一舉奠定行業霸主地位。

蓋茨一再撒謊，這是一種策略，旨在攪亂競爭對手的研發節奏。從商業競爭的角度看，可以接受，並未超越底線。

第五登頂階段：世界首富。

蓋茨連續十三年成為《福布斯》全球富翁榜首富。這不僅因為他的產品優秀，而且在於他善於打壓對手，敢於使用欺詐的利器。

一九九〇年，蓋茨得知3C公司準備開發一種很新型的軟體，馬上找上門去表示合作，還真的投下鉅資。但是，他的真正目的是牽制對方，不讓對方產品搶奪自己的新產品。3C公司因此遭受挫折，長期沒有作為。

GO公司生產出一種手寫輸入電腦的軟體。蓋茨知道此事後幾天，就召開新聞發佈會，認真地宣佈微軟已經生產出可以確認手寫字體的軟體，不久上市。幾周後，微軟又告訴媒體，正在和多家電腦製造商，討論開發匹配軟體的硬體。其實，這些都是謊言。

他發佈新聞的目的，就是讓客戶放棄其他小廠商的軟體，等待自己的軟體。不過，這些謀略畢竟屬於公開的陽謀，雖然有點不道德，但是沒有觸犯法律。

蓋茨還敢於使用見不得人的陰謀，甚至不惜使用一些非常惡劣的手段。

一九九五年，蓋茨發現網景公司的Navigator流覽器有威脅。他利用在作業系統市場上的壟斷地位，把自己生產的IE與Windows捆綁銷售，導致了網景公司的大潰敗。蓋茨還敢於使用非法的「反向賞金」，這是微軟「賄賂」的代名詞，以後被蓋茨的情人洩露出來。

在蓋茨看來，商場如同戰場，對競爭對手心慈手軟就是對自己心狠手辣。因此，為了微軟取得勝利，他幾乎動用了一切的商業計謀，所有對手的進攻都被蓋茨的兇狠鐵拳砸碎。而蓋茨和微軟則在這種看起來有失道德的競爭策略中繼續壯大。

當然，作為頂級聰明人，蓋茨對於對手不會一味使用反面手段，也會選擇使用正面手段，化敵為友。

眾所周知，從上世紀八十年代起，微軟和蘋果兩大公司一直處於敵對狀態，雙方為爭奪個人電腦市場展開激烈競爭。到九十年代中期，微軟公司佔據了優勢，而蘋果公司則舉步維艱，奄奄一息。這時正是踩扁對手的時刻，然而蓋茨在一九九七年向蘋果公司投資一點五億美元，把它從倒閉的邊緣拉了回來，雙方建立了合作夥伴關係，令人大跌眼鏡。二〇〇〇年，微軟為蘋果推出Office2001，雙方關係更加密切。

以RealPlayer播放機而著名的美國製造商RealNetworks公司曾經向美國聯邦法院提起訴訟，指控蓋茨的微軟公司違背反壟斷法，要求其賠償十億美元。兩家打起了官司，關係之惡劣可想而知。不過，在官司還沒有結束的情況下，RealNetworks公司的首席執行官致電蓋茨，請求得到微軟的技術支持，以改善自己的音樂檔。面對這個情況，所有人都認為蓋茨肯定拒絕敵人的請求，但是出乎大家意料，蓋茨同意了對方的請求。最終，微軟支付一筆款項，和RealNetworks公司達成和解，中斷糾纏數年的官司，得以集中精力搞自身發展。

事實證明，睿智的蓋茨善於化敵為友。他知道，多一個朋友，就是少一個敵人，就能減輕微軟因為一家獨大而頻繁遭遇反壟斷調查的困境。化敵為友，這也是「消滅」敵人的一條特殊手段。

對於敵人，蓋茨主要像一隻獅子和狐狸，但是對待自己的同盟，蓋茨展現出極大的真善，實行人性化管理。

只要是微軟公司的職工，都擁有自己獨立的辦公室或房間，而且非常平等。公司停車場更沒有等級劃分，不管是老闆蓋茨還是一般職工，誰先來誰就先選擇地方停車。微軟公司為職工免費提供各種飲料。辦公樓內到處可見高腳凳，職工可以不拘形式地在任何地點辦公。

蓋茨別出心裁的人性化管理，吸引了一大批富有創造力的人才，忠心為其效力。

第六保持階段：慈善家。

進入二十一世紀，蓋茨把注意力集中到慈善事業上。兩千年，比爾·蓋茨成立比爾和梅琳達·蓋茨基金會。二〇〇八年比爾蓋茨，宣佈將五百八十億美元個人財產捐給慈善基金會，只留給子女很少一部分錢財。這個舉動顯示，蓋茨擁有一顆非常仁慈的心靈，展現其偉大的品格，因此得到世界人民的崇敬。2014年，蓋茨辭去微軟董事長一職。蓋茨急流勇退顯示他不戀權的精明和豁達。

第三章

奸雄奉行厚黑學

與英雄相反的是奸雄。奸雄奉行的是厚黑學，厚臉裡子黑心腸，缺乏自愛和博愛目的，或者極端自愛，善於使用薄紅和厚黑兩種方法。

我們論述奸雄的意義在於，可以明白，為什麼壞人也會得逞一時，就是因為他們不是絕對和全部地使用厚黑方法，相反，他們也會使用薄紅方法，而且程度比較一般人高得多，因此會蒙蔽一些人跟隨。當然，奸雄使用薄紅方法局限於很少的人、事和時間，尤其在自己不發達時表現得很正義，從而做出一些超越凡人的成就，獲得很高的地位，成為顯赫一時的名人。雖然他們一時的成就令人們羨慕，但是終究會被民眾拋棄，沒有好下場。

奸雄的故事從另外一個角度說明，做人運用綜合方法的必要性和重要性。我們要全面看待奸雄的所有方法，不為其少量正面而感動，進而識破奸雄的伎倆，保護好自己和國家利益。

與英雄的歷程有所相似，奸雄的歷程是這樣六個階段：成長——從業——發展——轉折——登頂——失敗。奸雄和英雄最大的差別往往在最後階段，在獲得最大能力後，奸雄會暴露出本來面目，實行更大自私行為，侵犯社會，最終失敗。

一、最大暴君尼祿

有些人覺得中國的秦始皇和隋煬帝是世界上著名的大暴君，壞透了，其實他們的殘暴程度遠遠不如西方古羅馬皇帝尼祿，尼祿才是厚黑大家。

尼祿實施恐怖統治，把身邊的親人和近臣幾乎都害死，毫無道理地殺死兩任妻子，霸佔別人的老婆；他為建造新宮殿而暗中火燒羅馬，大火整整燒了一個星期，美麗雄偉的羅馬淪為廢墟；他還為搶奪他人財產大開殺戒、濫殺無辜，貶值貨幣。尼祿被西方稱為惡魔中的惡魔。

難道殘暴就是尼祿的全部面目嗎？當然不是。實際上，尼祿剛剛執政時表現得十分良善，非常正面，簡直是賢君。下面就讓我們看看其人生歷程吧。

第一成長階段：不平凡的母親。

西元三七年，尼祿出生於羅馬南方的一個海邊城市。尼祿三歲時，他的父親死去。尼祿的母親阿格裡皮娜陰險、貪權，嫁給一個富豪，讓兒子接受高等教育，並且借助這個地位，結識達官貴人。

為謀求更高的權勢，阿格裡皮娜暗中毒死她的第二任丈夫，在西元四九年嫁給她的舅父——克勞狄皇帝。

第二從業階段：成為太子。

阿格裡皮娜成為帝后之後，為鞏固其專權的地位，一方面將其親信布魯斯委任為近衛軍長官，並以此為支柱殺掉其政敵與情敵；另一方面，她從西元四八年開始，不斷地施展各種陰謀詭計，迫使克勞狄烏斯放棄讓他親生之子布列塔尼庫斯作為太子，而讓尼祿當太子。

西元五十一年，克勞狄烏斯將尼祿收養為子，並將他與前妻麥薩林娜所生之女奧克塔維婭嫁給尼祿。

阿格裡庇娜極力栽培自己的親生兒子為皇帝，延聘哲學名士塞內加為他的教師，並讓尼祿與屋大薇婭結婚。尼祿在此時進入政界擔任公職，數次在元老院以拉丁語和希臘語作過演講，並以自己的名義舉辦了大型賽會與鬥獸表演。

第三發展階段：登基。

西元五四年，克勞狄烏斯被毒死了。對於克勞狄烏斯之死，儘管史家有不同的說法，但是很可能出於阿格裡皮娜的毒手。

克勞狄烏斯死後，阿格裡皮娜繼續施展權術，她一面指使布魯斯統率的近衛軍控制羅馬局勢，並迅即殺死她在軍事方面的反對派，使軍事集團屈從她的勢力之下。同時，她又迫使早已無多大實權的元老院，俯首聽命地把一切權力交給她的兒子。就這樣，尼祿登上皇帝的寶座，成為羅馬政治舞臺的中心人物。

像他的母親一樣，尼祿本性是殘暴荒淫的，但是剛剛上臺，官員和百姓都不很服氣。因此，尼祿採取仁慈的手段收買人心，樹立權威。他聰明地知道，如果自己剛上臺就為所欲為，很快就被趕下臺去。

尼祿制定一系列惠民措施，創造出防止偽造遺囑的辦法，嚴格限制訴訟案的辯護報酬，以防止富人作弊。他降低許多稅賦，把政府的稅收帳目公佈於眾，以預防官員貪污。尼祿又壓低糧食價格，讓窮人也能吃飽飯。特別令人驚訝的是，尼祿推出了給老人以年金、給窮人以補助的法律，這比現代福利制度提前了一千多年。

尼祿選拔優秀官員到海外任總督，命令羅馬貴族為平民做業餘表演，貴族要騎著大象走繃索，元老院議員的妻子也要登臺表演。在競技場裡，囚徒和武士進行鬥獸表演，尼祿本人也經常參加戰車比賽。

尼祿還雇傭著名歌手教他唱歌。他常常在街上，在皇宮花園裡的露天劇場上彈琴演唱，邀請平民免費觀看。碰到節日，他舉辦大型有獎演出，並且親自參加，把大量的金銀小玩意拋灑給觀眾。

尼祿這些行為給羅馬帝國帶來一定的繁榮，贏得人們的好感。百姓和官員都開始敬重尼祿。尼祿對自己的近衛軍更加慷慨，給他們提供免費的糧食。而且，尼祿把大量奴隸提升為近衛軍，甚至提拔為軍官。這些奴隸本來低人一等，和牲口差不多，突然從地獄升到天堂，自然對尼祿感恩戴德，十分忠誠，惟命是從。

第四轉折階段：清除政敵。

幾年後，尼祿權力穩固，就暴露出虎狼之心，變得為所欲為，荒淫殘暴。他的母親仍然干涉朝政，因此導致尼祿的不滿，多次終止她干政。阿格裡皮娜對此反擊，揚言要栽培繼子，即原來皇帝的兒子布列塔尼庫斯做皇帝。

尼祿決定釜底抽薪，首先清除自己的潛在政敵，原來皇帝的兒子。

尼祿命令一個近衛軍暗中配置毒藥，而且是劇烈毒藥。一天晚上，尼祿在皇宮裡舉行宴會，邀請布列塔尼庫斯和很多貴族子弟赴宴。按照慣例，皇子進餐前，先讓僕人品嘗飯菜和湯，看看是否安全。狡猾的尼祿沒有在菜肴裡下毒，以免僕人先被毒死，暴露陰謀。但是給皇子上的湯很熱，僕人嘗過後說湯太燙，皇子不能喝。尼祿趁機叫人把餐桌上的冷水摻到湯裡，而冷水裡事先放下劇毒。

不知情的皇子喝下湯，立刻感到喉嚨和腸胃火燒火燎，痛苦地亂抓胸前衣服，很快就渾身抽搐，七竅流血，昏迷地上。周圍的貴族嚇壞了，騷動不安。尼祿卻平靜解釋：諸位不必大驚小怪，可憐的布列塔尼庫斯從小就患有癲癇病，這是他犯病了，過一會就會清醒。尼祿吩咐近衛軍把皇子抬下去，繼續進行宴會。到夜間，皇子就被悄悄埋葬。

消滅了皇子這個政敵，尼祿把黑手伸向母親。母親十分貪戀權力，以女王身份干預政治。尼祿十分痛恨母親，但是他不能明目張膽殺害母親，於是策劃了一個陰謀。一次，他在海邊舉行宴會招待母親，然後用一隻特別改造的船送她回家。在海上，這只船破裂下沉，尼祿母親落水。但是，她游泳到岸邊，派僕人給兒子送信。尼祿一邊和母親的僕人說話，一邊悄悄把一把匕首放在他面前，然後指控母親派僕人刺殺自己。尼祿母親無法分辨，被尼祿近衛軍處死。

第五登頂階段：大權獨攬。

在大權獨攬之後，尼祿內心的極端狂妄開始顯露出來。他對於元老貴族的崇敬逐漸淡滅，開始喜歡接受人們的奉承，並大肆打擊與他對立的政治勢力。最有名的是六五年的「批索的陰謀」，一群共和派的政治人士打算推翻尼祿的統治，但他們計畫在事前洩漏。尼祿擴大打擊面，整肅異己，讓羅馬的上層階級隨時感受到皇帝的恐怖統治。

他在羅馬帝國實施恐怖統治，濫殺無辜，先後毫無道理地殺死兩任妻子，還搶奪了別人的老婆。他開始揮霍浪費，用驚人的賭注打賭，外出野遊時由一千輛華麗的馬車列隊護送。國庫空虛時，他把私人財產充公，他曾殺死北非和西班牙幾十個土地主，掠奪他們的財產。他還廢除了早年制定的減稅法以及對老人和窮人的補助法，霸佔寺廟財產，貶值貨幣。

第六失敗階段：被迫自殺。

西元六四年七月十八日夜晚，羅馬全城發生了大火，整整燒了一個星期，幾乎全部城區變成廢墟。尼祿聞訊從外地迅速回來，組織救火，開放私人花園安置災民，制止哄抬物價。但是，人們普遍懷疑是尼祿暗中縱火。火災之後，尼祿在廢墟上為自己建造了宏偉宮殿。人們更加懷疑是尼祿縱火，謠言流傳開來。

為消除謠言，尼祿把基督徒當做替罪羊，指控他們嫉恨羅馬人的富貴，所以縱火。

因為當時基督徒多數是窮人、奴隸和異鄉人，既沒權勢，也的確嫉恨上層人，容易逮捕。大批基督徒被逮捕後殘忍處死，引起羅馬人的抗議。這時尼祿認定有一個陰謀集團在反對他，對周圍的人都產生懷疑。他極度害怕，宣佈全國進入戒嚴狀態，恐怖氣氛籠罩整個羅馬。尼祿只要提出一個人的名字，不用審判，近衛軍就可以把他處死。許多元老院議員、名人甚至衛隊官員都被處死了。有些人被斬首，有些人被勒令自殺，還有些人被切開動脈血管，甚至尼祿的教師也被砍下了雙手。

尼祿的殘酷統治激起了元老院和百姓的反抗。百姓玷污尼祿的雕像，在牆上塗寫咒罵他的語言。最後，各地的軍隊起來造反，紛紛向羅馬城挺進，地方官員也起來宣佈背叛尼祿。許多士兵和百姓圍住王宮要和尼祿算帳。

尼祿嚇破膽了。他要求衛隊保護他逃走，遭到拒絕。尼祿親手寫下一封要求人民寬恕的信，然而他不敢走出皇宮交給人民。最後，尼祿化妝逃出羅馬城，在軍隊的追捕下，自殺身亡，結束了罪惡的一生。這正應了中國那句俗話：善有善報，惡有惡報，不是不報，時候不到；時候一到，一切都報。

二、裝好人隋煬帝

大家都知道，隋煬帝楊廣是中國最殘暴荒淫的皇帝。然而，他也是一位陰險毒辣的厚黑奸雄，厚顏黑心，善於玩心眼，耍手段。

第一成長階段：少年王爺。

楊廣是隋文帝楊堅的二兒子，五六九年出生，小時候就顯得頭腦聰明，相貌英武，嘴巴乖巧，頗受父母寵愛。他十三歲時擔任太原總管，封為晉王。

第二從業階段：年少有為。

五八八年，隋朝興兵平南朝的陳國，剛二十歲的楊廣是領銜的統師，真正指揮全軍的是高熲，在前線作戰的是賀若弼和韓擒虎等名將。平陳後，進駐建康，殺掉了陳叔寶的奸佞之臣及寵妃張麗華，封存府庫，將陳叔寶及其皇后等人帶返隋京。班師後，楊廣晉封太尉。

平陳之後因為隋朝政策有所偏差，江南各地叛亂。此後，楊廣亦屢立戰功。五九〇年，他奉命赴江南任揚州總管，與楊素一起平定江南高智慧的叛亂，楊素後封越國公。

第三發展階段：沽名釣譽。

在隋文帝稱帝後，立楊勇為太子。楊廣因為自己的戰功在哥哥之上，又發現文帝對太子楊勇的行為很不滿，這使他漸漸有了取代哥哥的欲望。

楊廣清楚，自己是皇帝的次子，按照正常情況不可能承繼皇位。要想當皇帝，必先當太子；要想當太子，必先獲得父母賞識。因此，關鍵在於如何取悅父皇母后。

皇帝楊堅和皇后獨孤氏特別喜歡勤儉，厭惡奢華，而皇后特別憎恨那些冷淡正妻卻寵愛小妾的男人。楊廣投其所好，按照他們喜歡的模樣，開始修正自己。他首先脫去華服，穿上粗衣，接著把箏弦弄斷，顯示自己遠離娛樂。為了專門討好母后，他明裡與妻子同出同入，暗裡把與其他女人所生的孩子全都掐死。

當隋文帝和皇后到楊廣的府中時，發現裡面沒有一件珍寶，箏上落滿塵土，孩子都是楊廣正妻所生，僕人布衣釵裙，面目普通憨厚，廚房裡只有柴米，絲毫不見山珍海味。隋文帝見狀十分高興，連聲稱讚兒子溫良恭儉。皇后也連聲稱讚兒子不近聲色，可擔重任。

楊廣一方面給自己樹立君子形象，一方面詆毀太子楊勇的形象。和楊廣相反，楊勇性格單純豪爽，胸無城府，絲毫不覺得楊廣有野心，不加防備。楊廣每次從外地回到都城，都要都送給楊勇許多錦衣美女和珍玩。楊勇全部收下，而且毫不遮掩，出入穿華服坐豪車，還在府中縱情聲色，同幾個女人生下十幾個孩子。隋文帝常常對皇后說：「太子品性頑劣，而廣兒卻仁孝恭儉。」內心產生一絲更換太子的意思。

有一次，楊廣代替父皇視察軍營，正巧碰到暴雨，兵卒們冒雨演練。僕人舉起了一把傘為楊廣遮雨，楊廣卻一下推開說：「士卒們都在雨中淋著，我怎能自己躲在傘下呢。」這件事立即傳播開來。隋文帝聽說後大喜，大臣們也欽佩楊廣。

有一次楊廣進宮後，與母后道別時，裝出依依不捨的樣子，跪在地上痛苦流淚。皇后也哭了。楊廣趁機大倒「苦水」：「兒臣非常看重兄弟情誼，但是不知在什麼地方得罪太子，他一直想暗害我。每當我想到自己不知哪天被毒死，特別害怕。」這話勾起皇后的怒火，說：「楊勇太過分，我給他娶的元妃他一點也不愛惜，只寵雲妃，還毒死元妃（其實死於心臟病）。我現在活著他就敢害你，我死後更要害你。等到你父皇駕崩後，你得向雲妃小妖精跪拜稱臣，想到這件事我就心如刀絞！」

楊廣聞言，內心大喜，再次跪拜母后，不停嗚咽。皇后也抱著兒子大哭。此時，皇后下了決心廢掉楊勇，不斷對楊堅說楊勇壞處。

第四轉折階段：升為太子。

楊素很受隋文帝楊堅的信任，楊廣決定拉攏楊素，讓他勸說皇帝廢除太子楊勇，改立自己為太子。楊廣讓自己的親信宇文述先找楊素的弟弟楊約，因為楊約和哥哥楊素的關係非常密切。宇文述先是經常陪楊約賭博，而且故意輸給他很多的錢，獲得楊約的好感，借機將楊廣的意圖告訴了他。楊約趕忙問怎麼辦，宇文述便請他說服哥哥楊素，順應皇上已經有的廢太子的意思，推薦楊廣繼任太子之位。楊素兄弟最終答應了楊廣的要求。楊素努力清除了支持楊勇的大臣，鼓動大臣一起向皇帝說楊勇的壞話，說楊廣的好話。皇帝楊堅更換太子的心意逐漸堅決。

六〇〇年，楊勇在冬至那天，在家裡接受百官朝賀，儼然皇帝，犯了大忌。楊素添油加醋斥責楊勇，老皇上最終決定廢黜楊勇的太子地位，改立楊廣為太子。

楊勇被軟禁在府內，幾次上書伸冤，楊廣命人把書信全部銷毀，不得上傳。楊勇爬到樹上大聲叫屈，希望父皇聽到自己聲音。楊廣的寵臣楊素趁機上奏，說楊勇得了神經病，胡亂喊叫。老皇上竟然相信了，不再理會楊勇。

皇后病逝後，太子楊廣拜見父皇時，裝出萬分悲痛的樣子。回家以後，他該吃就吃，該笑就笑，和平常一樣。楊廣對外人說，自己特別思念母親，沒食欲，每天只吃兩勺米。他在母親靈前長時間嚎哭跪伏，表面上不吃不喝。其實，他在袖子裡藏著一個竹管，裡面裝著精製的豬魚肉脯，瞧見沒人注意就吃一口，繼續演戲。

第五登頂階段：登基。

六〇四年，隋文帝重病後，太醫證明不治。隋文帝特地召見百官，到皇宮訣別。楊廣認為登上皇位的時機已經到達，迫不及待地給楊素寫信，請教如何處理父皇后事。不料送信人失誤，把楊素的回信送給了文帝。文帝讀後勃然大怒，馬上宣召楊廣，想斥責一番。這時，文帝寵愛的宣華夫人衣衫不整地跑進來，向皇帝哭訴楊廣剛才調戲她。

兩個事情加在一起，文帝猛然醒悟到楊廣是個騙子，大罵：「這個孽子如此無禮，怎能擔當治國大任，皇后耽誤了我大事。」急忙命令身邊的大臣寫詔書，廢黜楊廣，再立楊勇為太子。這個消息被楊廣安插在文帝周圍的爪牙傳遞給楊廣。楊廣立即帶兵包圍了皇宮，趕散宮人，謀殺了文帝。楊廣又派人假傳文帝遺囑，命令楊勇自盡。楊勇不等反應過來就被殺死。就這樣，楊廣通過弒父殺兄的手段奪取了皇位。

第六失敗階段：胡亂折騰。

即位之後，楊廣也做過一些正事，如發展科舉制等，但更多的是驕奢淫逸，好大喜功。他下令開鑿五千里京航大運河，只為坐船遊玩。修馳道幾千里，也為到處遊樂。這些耗費無數的民力，百姓被折磨地無法生存。他還三次發兵攻打朝鮮，胡亂指揮，結果遭到慘敗，士兵死傷無數。

最後，民不聊生，紛紛起義。西元六一八年，眾叛親離的隋煬帝被部下絞死，繁盛一時的隋朝二世而亡。

三、口蜜腹劍李林甫

李林甫是唐玄宗時期的宰相，會機變，善鑽營。他內心陰險毒辣，但外表一團和氣，據此當時人創造出一個成語：口蜜腹劍，指的就是李林甫。凡被皇帝信任或反對他的人，他總會親往交結；等他權位在握時，便設計去除此人。即使是老奸巨猾的人，也往往敗在李林甫的手下。因此，憑藉豐富的手段，李林甫獲得皇帝寵信和官員敬畏，專權二十年。

第一 成長階段：落魄皇親。

李林甫的祖輩是唐朝開國皇帝李淵的堂兄弟。幾代過去，家族失去權勢，不過畢竟是皇親國戚，李林甫從小受到良好教育，精通音律。

第二從業階段：平庸無奇。

李林甫早年曾任宮廷侍衛。他精通音律，深受舅父姜皎的寵愛，開元年間改任太子中允。侍中源幹曜與薑皎乃是姻親，其子源潔為李林甫求取司門郎中之職。源幹曜笑道：「郎官應有才幹聲望，李林甫也能當郎官？」李林甫因此只被授為太子諭德，即一個規諫太子的小官，後累遷至國子司業。

第三發展階段：苦心鑽營。

國子監是管理全國教育的機構，可以與許多朝廷大員打交道，這為李林甫巴結權貴創造了更便利的條件。很快，李林甫認識了禦史中丞宇文融，於是他耗盡心思打聽宇文融的興趣和愛好，隔三差五地去宇文融家中拜訪。

宇文融當初還對李林甫很反感，但是隨著時間的推移，他逐漸發現李林甫「天生就是一塊鑽營的料」，於是便引薦他做了禦史中丞的助理，由此使他進入了朝廷的權力中心，也為他進行更深層的鑽營奠定了基礎。

得到了宇文融的信任和引薦之後，李林甫為了討宇文融的歡心，便追隨他排斥政敵。當時宇文融與右丞相張說不合，宇文融早有彈劾他之心，苦於找不到聯合之人，李林甫的追隨給他陰謀的實現帶來了希望，於是在李林甫和宇文融的聯合彈劾下，張說被罷相。

達到了自己的目的之後，李林甫認為宇文融再也沒有多大利用價值，於是他又思量著尋找更大的靠山。通過一番辛苦鑽營，他又進入了尚書省。起初任刑部侍郎，隨後又調任吏部侍郎。吏部是專門管理官員的地方，因此說情的人更多，托他辦事的權貴更是多如牛毛，這為李林甫攀上更大的靠山創造了便利的條件。

一次，唐玄宗的哥哥甯王李憲私自會見李林甫，要求李林甫為他所推薦的人大開方便之門，天生喜好巴結權貴的李林甫當然一口答應，既滿足了甯王的要求，又使自己攀上了甯王這棵大樹。

不久，朝中要選拔官員，玄宗的哥哥、甯王李憲暗中去見李林甫，要求他優先升遷自己一夥的十個人。狡猾的李林甫答應下來，想出一個巧妙的「對峙」方法。李林甫把甯王舉薦的九個人升官，並且當眾宣佈剩下的一人託人情想升官，因此這次不予升遷，留到以後再議。這個辦法既討好甯王，讓自己和甯王都避開作弊的嫌疑，同時樹立嚴正廉潔的形象，獲得眾官員稱讚，引起唐玄宗的注意。李林甫此舉可謂一箭雙雕，即當了婊子，又立了牌坊，黑的有水準。

第四轉折階段：升任副宰相。

李林甫善於阿諛奉承，對於握有實權的人，或自己用得著的人，尤其是對明皇及其愛妃、宮女、宦官，他都千方百計地去諂媚討好。這樣做，既騙取了玄宗的信任，又在玄宗周圍安排了自己的密探，為實現當宰相的野心創造了有利條件。李林甫的高明之處在於，他只使玄宗一人不知道他的奸詐。

李林甫特別想當百官之冠——宰相，但是他缺乏才幹，依靠正常途徑很難當上。他多方打探，絞盡腦汁，終於想出了一條間接多層的升官邏輯：自己要想當宰相，必須得到皇帝賞識；要想得到皇帝賞識，必須得到皇帝所寵愛的武惠妃賞識；要想得到武惠妃賞識，必須得到武惠妃所喜愛的堂妹裴夫人賞識；要想得到裴夫人賞識，自己必須積極接近她。這個路線就是：自己——裴夫人——武惠妃——唐玄宗。

裴夫人喜歡熱鬧和交際，而其丈夫裴光庭性格相反，沉靜寡言，不好交際，夫妻不和。奸詐的李林甫有意識接近裴夫人，百般討好，展現自己的英俊相貌和音樂才華，獲得裴夫人喜愛，結成地下情侶。裴夫人常在武惠妃面前讚揚李林甫。與此同時，李林甫又想法賄賂皇宮裡的太監和宮女，搜集皇帝的喜好資訊。玄宗因喜愛武惠妃，進而喜愛惠妃的兒子李瑁，冷淡太子李瑛，甚至有更換儲君的意思。打聽到這個消息後，李林甫讓裴夫人給武惠妃捎話：他願意輔助李瑁做皇帝。武惠妃十分高興，不斷對玄宗說李林甫好話。

裴光庭死後，武氏向高力士提出請求，希望他能推薦李林甫接任宰相，高力士卻未敢答應，但還是向他透露了一個對他仕途產生重大影響的消息；唐玄宗準備任用韓休為宰相。儘管李林甫很受打擊，但是腦筋一轉，他再次計上心來，於是，他給皇帝上了一道奏章，推薦韓休為宰相。這招很有效，一方面，玄宗本來就有任用韓休為宰相的意思，李林甫如此一說，正合玄宗心意，給玄宗留下了很好的印象；另一方面，李林甫也巴結上了未來的宰相韓休，這為他順利登上宰相之位奠定了堅實的基礎。

果然，韓休在被任用為宰相之後，為了感謝李林甫的舉薦之功，便在玄宗面前推薦了李林甫。加上武惠妃的說情，很快，李林甫便官拜禮部尚書、同中書門下三品，成為朝中三宰相之一。

第五登頂階段：一人之下萬人之上。

後來，唐朝有三個宰相：張九齡、裴耀卿和李林甫，張九齡為正。比較其他二相，李林甫缺乏治國才能。但是，李林甫聯絡皇宮裡的妃子和太監，摸清唐玄宗的心思，因此等到同皇帝議事時，專門投其所好，一點也不違背。唐玄宗就開始寵信李林甫，後來罷免張九齡。唐玄宗任命唐太宗的玄孫李適接替左相，李適頗有才能，又是皇親，深得唐玄宗賞識，威脅到李林甫地位。李林甫想出一條毒計來收拾李適。

有一天，李林甫悄悄對李適說：「華山有金礦，開採後可以富裕國家，可惜皇帝不知道。」李適就把華山有金礦應該開採這件事奏給玄宗，玄宗特別高興，就詢問李林甫此事。李林甫一本正經地回覆：我很早就知道華山有金礦。但是華山是唐朝的龍脈，不適合開採，因此以前沒敢說。玄宗一聽，認為他才是大忠臣，就訓斥李適：以後奏事，應該先和李林甫商議，不要再輕率。這嚇得李適不敢獨自奏事，不久就被罷免。從此，唐玄宗更加寵信李林甫。

為保住自己地位，李林甫千方百計打擊玄宗所欣賞的大臣。一次，玄宗大宴群臣，結束後兵部侍郎盧絢騎馬飛馳而去。望著盧絢英武的背影，玄宗讚賞很久。第二天，李林甫召見盧絢說：你很有威望，皇帝打算派你去南方的雲南、廣東任職。你如果嫌棄路途遙遠，可以告老還鄉。盧絢聽後十分恐懼，因為當時那些地方十分荒涼，立即按照李林甫的囑咐做事。玄宗對盧絢十分不滿，立即貶職，不再重用。

還有一個官員嚴挺之，被李林甫排擠在外地做官。一天，玄宗忽然想起嚴挺之，就問李林甫：嚴挺之還在嗎？他很有才能，可以任用。李林甫回答打聽一下。他退朝後立即找來嚴挺之的弟弟，裝作熱情的說：你哥哥很想回京城見皇上吧，我有一個方法。嚴挺之的弟弟非常感激，趕緊請教。李林甫說：讓你哥哥上奏章，說他得病了，請求回都城治療。過幾天，李林甫拿著嚴挺之的奏章對玄宗說：真是可惜，嚴挺之現在得了重病，不能幹大事了。被蒙在鼓裡的玄宗惋惜地歎口氣，這事就過去了。

像嚴挺之這樣受騙的人很多。後來真相浮出水面，人們就形容李林甫「嘴上像蜜甜，肚裡藏著劍」，形成成語「口蜜腹劍」。李林甫的這種整人手腕很高明，如果明著害人，就會受到對方立即反擊，鬧不好兩敗俱傷，現在是表面示好，背後動刀子，令人防不勝防。對方等到明白過來，已經大勢已去，回天乏力了。因此，李林甫始終穩坐朝廷，無人撼動。

安祿山依仗玄宗的恩寵，輕視朝中所有大臣，初見李林甫時也不例外。李林甫瞧在眼裡，但不動聲色，找個藉口把一個大臣王鉷叫來。當時的王鉷也受到玄宗恩寵，他是知道李林甫的手腕，因此滿臉媚笑，討好李林甫。李林甫對王鉷問事，十分精確，王鉷恭敬回答。安祿山也是個聰明人，知道李林甫不簡單，因此變得恭敬起來。

李林甫看見後，這才自信地敲打安祿山說：安將軍深得皇上歡心，可喜可賀。將軍必須好自為之，效命朝廷。皇帝年紀大了，但我這個宰相可不老。安祿山聽完，心中恐懼。此後二人談話，李林甫都能猜透他的真實心思，安祿山從此十分佩服和忌憚李林甫。

這個事情真是有趣，安祿山是大奸雄，但李林甫就靠幾句話就能降服他，真是鹵水點豆腐，一物降一物。

第六失敗階段：老怕鬼叫門。

李林甫自己也感到得罪的仇人太多，擔心有人刺殺自己，因此加強保衛。他出行時周圍安排大隊人馬保護，他乘車馬時派兵驅散百步之內的路人。他的住房建造很多機關，警衛森嚴。尤其令人可笑的是，每晚睡覺要更換幾個地方，就連家人也不知道他在哪裡住宿。由此可見，做了虧心事，就怕鬼叫門，還是不當奸雄的好。

李林甫厭惡楊國忠，與他爭鬥，奈何他背後站著皇帝寵信的楊貴妃，加上自己得罪官員多，就噩夢纏身，睡眠不足，精神衰落，最後病死。

楊國忠立即聯絡安祿山誣告李林甫謀反。唐玄宗此時醒悟，認為他嫉賢妒能，於是削去李林甫的官爵，流放其子孫。

李林甫上蔽玄宗視聽，下塞臣民言路。「開元之治」的清明政治，至此已蕩毀無存。玄宗晚年的腐敗耽樂，與他有很大關係。

四、叛變的「忠臣」安祿山

唐朝是我國歷史上最為非常強盛的朝代，但是在安祿山發動叛亂之後走上衰亡。安祿山是一個本性殘暴狡猾的人，是一隻真正的厚黑大師，但在表面上裝出薄紅的樣子，從而獲得當時皇帝唐玄宗的信任，獲得巨大的兵權，然後撕下仁慈老實的面具，暴露出獅子的兇猛，發動叛亂。

第一成長階段：貧困少年。

安祿山是突厥人，幼年喪父，生活自然過得辛苦。

第二從業階段：參軍。

長大成人後，安祿山通曉六國語言，當了個為買賣人協議物價的翻譯員。七三二年，張守珪任幽州節度，安祿山偷羊被抓住，張守珪拷問他，準備亂棍打死，他高聲喊叫說：「大夫難道不想消滅兩個蕃族啊？為什麼要打死我！」張守珪見他長得白白胖胖，語言豪壯，就放了他。命令他跟同鄉史思明一起抓活俘虜。二人總會完成任務。張守珪提拔他為偏將，以後見他作戰驍勇又收為義子。

第三發展階段：升任節度使。

七四〇年，安祿山任平盧兵馬使。他本性十分狂妄，不把任何人放在眼裡，但也做人機靈，當朝廷派來巡視的官員時，他卻壓制下狂妄，對巡視官員卑躬屈膝，溜鬚拍馬，還贈送大量金銀財寶。這些官員回到京城，向唐玄宗彙報安祿山優秀。唐玄宗自然不知道實情，開始注意他，就根據巡視官員的彙報不斷提拔安祿山。授予他營州都督、平盧軍使官銜。他更加用厚禮賄賂往來官員，要求在朝廷為他多說好話，唐玄宗信任喜愛他。

七四二年，唐玄宗在平盧設置節度，任命安祿山為代理禦史中丞、平盧節度使。此後便可到朝廷上奏議事。安祿山也積極討好玄宗，每年向朝廷獻上許多俘虜、奇禽、異獸、珍玩等，各郡縣為轉運這些貢物疲於奔命，唐玄宗更加寵信他。

第四轉折階段：見面討好唐玄宗。

安祿山第一次進朝拜見唐玄宗，專挑唐玄宗愛聽的話說。他對唐玄宗說：去年，發生蝗災。我焚香向上天禱告：如果因為我不忠於皇帝導致蝗災，我甘願讓蝗蟲吃我的心臟；如果我不辜負神靈，但願蝗蟲散去。話音剛落，飛來一群大鳥，吃光蝗蟲。

這本是一派胡言，臉皮不如城牆厚的人絕不會說出這樣的話，但玄宗聽後居然高興，重重賞賜，授安祿山為驃騎大將軍。

安祿山身體肥胖如豬，但是在玄宗面前跳起胡旋舞時，賣力表演，旋轉如風。安祿山的肚子特別肥大。玄宗問他肚子裡有什麼。安祿山憨厚地回答：沒什麼其他東西，只有一顆忠心。這句話逗得玄宗哈哈大笑。

安祿山外表憨直，顯得呆頭呆腦，內心卻陰險狡猾，並善於用愚笨表現自己的忠誠。一次玄宗命太子會見安祿山。安祿山見了太子卻不肯下拜，玄宗感到奇怪，詢問他原因。安祿山傻乎乎地回稟：臣蕃人，不知道朝廷制度，不清楚太子是什麼官？玄宗解釋：太子是儲君，朕以後要傳位於太子。祿山說：「臣愚鈍，以前只知陛下，不知太子。」說完他這才下拜。

安祿山到京城時經常出入皇宮，玄宗在便殿接見他時，楊貴妃往往在座。安祿山每次先拜貴妃，後拜玄宗。玄宗又感到奇怪，安祿山解釋：我們胡人風俗，先拜母親而後拜父親。內心八面玲瓏的安祿山知道玄宗寵愛楊貴妃，就決定討好她。安祿山見楊貴妃沒有孩子，請求當她的養子，玄宗欣然答應。舉行收養典禮時，安祿山故意只拜楊貴妃，不拜玄宗。玄宗沉下臉責問。安祿山憨厚回答：我是胡人，胡人只知道有母親，不知道有父親。這番話逗得玄宗大笑不止。

安祿山這一系列裝傻的舉動大有學問，冒著損害唐玄宗威嚴的風險，凸顯安祿山的憨厚和率直。因此不但沒有受到唐玄宗的厭惡，反而受到唐玄宗的更加信任和欣賞。

第五登頂階段：勢力龐大。

經過多次接觸，唐玄宗認為安祿山本性憨直，不像漢人那樣一肚子花花腸子，絕對會忠於自己，因此對他越來越寵信。而安祿山趁機索要更多權力和地盤。楊國忠多次對唐玄宗說安祿山一定會叛亂，唐玄宗將信將疑。

七五三年，唐玄宗派中官輔趚琳去偵察，他接受了安祿山的賄賂，回來後大講安祿山忠心耿耿。楊國忠又對唐玄宗說：「召他進京，他一定不會來。」下令召見，他卻來了，可謂有膽有識。七五四年正月，安祿山到華清宮拜見唐玄宗，乘機哭著說：「我是奚族人，不識漢字，皇上越級提拔我，以致楊國忠想要殺我。」唐玄宗對他更加親密寬厚，於是任命他為左僕射的高官，才讓他離去。這時只要有人說安祿山要造反，唐玄宗一定會大發雷霆，把他捆綁起來送交安祿山處理。安祿山感到危機，這年三月一日，安祿山離開長安，每天趕路三四百里，迅速回到老巢范陽。

第六失敗階段：起兵造反。

七五五年，安祿山掌握兵力十幾萬，占到唐朝總兵力的三分之一，感到勝券在握，就開始發動叛亂。

七五五年秋冬季節，安祿山多次犒勞士兵，嚴整軍隊，但一直不透露消息。直至出兵前幾天，安祿山才召集眾將宣佈：奉事官胡逸從京城回來，給我帶來皇帝密旨，楊貴妃的堂兄弟楊國忠把持朝政，弄得天下怨恨。皇帝命我帶兵入朝，平定禍亂。大家不要大驚小怪。

安祿山矯托皇帝密旨，打著誅殺楊國忠的名義發動叛亂，這是一條策略。這樣容易迷惑兵將。畢竟叛亂是大罪，大家開始都會顧忌。等到生米做成熟飯，兵將也就只好順從。

安祿山率領大軍出發，一路殘忍殺害百姓，掠奪財物，最後攻下長安城，逼走玄宗，其黑心暴露無遺。

玄宗這才認清安祿山的真面目，後悔不迭。

如果安祿山起兵和稱帝后真的關心愛護百姓，可能坐穩皇帝龍椅，但是他生性殘暴，受到人民反抗，最後患上重病，被兒子殺死。他的兒子最後也被唐朝官軍擊敗。唐玄宗最後回到西安做皇帝，但是經過這個戰爭，地方節度使都擁兵自重，朝廷的權威大大下降，唐王朝走向下坡路。

安祿山這個事件說明，那些超規格去奉迎老闆的人，很可能包藏禍心，表現得太忠心往往實質上不忠心，當老闆的對此不能不防啊。

五、天下巨貪和珅

電視劇《鐵齒銅牙紀曉嵐》熱播後，王剛扮演的大貪官和珅令人忍俊不止。清朝乾隆時期的和珅被譽為史上第一貪官，富可敵國。

乾隆皇帝死後第三天，其兒子嘉慶帝就查辦和珅，據說抄出錢財折合銀子十一億兩，相當於大清朝十五年的稅收，恐怕現在的比爾蓋茨也比不上。當時民間有這樣的說法，「和珅跌到，嘉慶吃飽」。

和珅居於一人之下，萬萬人之上，權傾朝野。其發達的秘訣是什麼呢？無非就是三個字：厚黑學。

奸臣和珅開始發跡依靠的是另外一個和珅——大忠臣大能臣。他清楚，要想在政壇扶搖直上，必須取得最大權力擁有者乾隆帝的信任，把皇帝當做靠山，為此下苦心下苦力，打扮成一個忠臣、能臣、勤臣，完全一派正面形象，並且讓皇帝知道。

第一成長階段：苦讀經書。

和珅是滿人，年輕時他不像其他八旗子弟一樣吃喝玩樂，而是立下大志，渴望出人頭地，因此苦讀經書，很有學問。和珅在官學內苦讀，掌握了漢，滿，藏，蒙語，在後來一些時刻發揮特別作用，深得乾隆喜愛。和珅得到原來直隸總督的賞識，娶其孫女為妻。

第二從業階段：三等侍衛。

二十三歲科考不中後，和珅憑藉滿人身份被任命為皇帝的三等侍衛，這個差事權力不大，但是給和珅接近乾隆提供了機會。和珅緊緊抓住這個機會，充分利用，改變了人生。

和珅知道皇帝乾隆自詡為文武雙全，而且酷愛儒家學說和文章，所以沒有荒廢學業，反而苦讀《論語》等儒家經典。

第三發展階段：一句話升天。

皇帝的侍衛很多，大家都想得到皇帝賞識，但為什麼只有和珅成功，脫穎而出呢？秘訣說起來很明顯，大家都知道，不過就是投其所好。但是，要成功地投其所好，並不容易，必須有些大本事和大聰明，才能準確深刻地滿足對方需求，獲得其歡心。

有一次，乾隆帝突然決定出外巡視，吩咐侍從官員準備儀仗。官員一下子找不到儀仗用的傘蓋，急得滿頭大汗。乾隆非常生氣，眉頭一皺，龍顏大怒，說：「虎兕出於柙，龜玉毀於櫝中，是誰之過？」這本是《論語》中的一句話，意思是老虎和犀牛從籠子裡跑出來，占卜用的龜甲和祭祀用的玉器在匣子裡被毀壞，這是誰的過錯呢。官員們不明白皇帝說什麼，困惑且緊張。乾隆更加惱怒。這時和珅說話了：「是典守者不能辭其責耳。」意思是看守者負有責任。這一句話得到乾隆皇帝的注意和賞識，令其隨身護衛。和珅和皇帝的距離一下子拉近了，從此和乾隆直接接觸很多。

由此可見，巴結別人必須有點真本事，一點本事也沒有的人，無論如何都難以贏得別人好感，誰會喜歡一個只會奉承的廢物呢？

一七七三年，二十三歲時的和珅就任管庫大臣，管理布庫，他從這份工作中學習到如何理財，他勤樸地管理布庫，令布的存量大增，這些使他他得到乾隆的賞識。

為保護自己和更大發展，和珅緊緊抓住皇帝這個大樹，盡力維護。他對乾隆的脾氣、愛好、生活習慣、思維方式瞭若指掌，可以想乾隆之所想，急乾隆之所急。這與一般的曲意逢迎、阿諛獻媚有所不同。和珅的許多逢迎行為都是將心比心、悉心揣摩的結果，因而沒有那麼低俗和赤裸裸。另據記載：乾隆皇帝每問和珅一件事，和珅不僅回答得有條有理，還能將事情的來龍去脈說得清清楚楚，令「上意甚歡」。因此以後迅速升官。

和珅起初清廉為官，拒絕賄賂。

第四轉折階段：審判大案。

一七八〇年正月，雲南按察使海甯揭發大學士兼雲貴總督李侍堯涉嫌貪污，乾隆下禦旨命刑部侍郎喀甯阿、和珅和錢灃遠赴雲南查辦李侍堯。

起初毫無進展，後來和珅拘審李侍堯的管家趙一恒，向趙一恒嚴刑逼供，趙一恒奈不住痛楚，把李侍堯的所作所為一一向和珅作了交待。他把趙一恒交待的事項筆錄下來，又命人召來了雲南李侍堯屬下的大官員，當著他們的面宣告了趙一恒的供述，那些原來忠於李侍堯的官員見和珅已掌握了證據。於是他們紛紛出面指控李侍堯的種種罪行，就連那些曾向李侍堯行賄的官員，也申明自己是被迫行賄的。和珅取得了實據，迫使李侍堯不得不低頭認罪。

審判李侍堯一案，乾隆覺得和珅聰明能幹，因此提升為戶部尚書，在議政大臣處行走，從此和珅進入權力高層。

第五登頂階段：權傾天下。

當上大臣後，和珅儘量全方位地保障皇帝需求，培養感情。和珅的斂財技巧爐火純青，創立議罪銀制度，讓犯罪的官員拿錢消災，大大充實了國庫。在乾隆晚年幾次下江南遊玩時，和珅指派地方官員和鄉紳準備資金和物資，沒有動用國庫和內務府銀兩，乾隆特別滿意。和珅比忠臣更忠，把皇帝當做自己父親一樣盡職盡責的服侍。

朝廷裡有那麼多的官員，都想迎合討好皇帝，為什麼只有和珅一個人吃香呢？其實，阿諛奉承拍馬屁也需要技術和精神。和珅極力讚美乾隆，不惜厚著臉皮貶低自己，讓乾隆龍顏大悅。

和珅主修《四庫全書》時，故意讓草稿留下一點明顯的破綻，拿給喜歡擺弄才華的乾隆審查，乾隆修改後十分得意。乾隆有個吐痰的毛病，和珅身邊總是帶一個痰盂，帶一次、兩次算是容易，但常常這樣做是一般人做不到的。

和珅知道乾隆深深地愛戴他的母親，皇太后，所以竭盡自己的一切招數來討好皇太后。特別是在皇太后去世的時候，乾隆極度悲傷，在靈堂長跪不起，此時的和珅不像其他大臣一樣出言勸慰，他知道這對於聰明豁達的乾隆無效，乾隆是真傷心，勸也是白勸。因此，和珅默默地陪在乾隆身邊，好像死的是自己親娘一樣，痛哭流涕，寢食不思，茶飯不想，幾天下來，形容枯槁，面無血色，完全贏得了乾隆的好感。

乾隆一生喜愛作詩，和珅學習乾隆作詩的風格，造詣頗深。乾隆愛書法，和珅就刻意模仿乾隆的書法，十分逼真。乾隆後期有些不重要的詩匾題字，乾脆交給和珅代筆。由此可見乾隆對和珅的親近。對於軍國大事，乾隆對和珅幾乎言聽計從。和珅權傾天下。

和珅對待皇帝如同父親一樣親近，對待忠於自己的官僚也很好。和珅收受賄賂，一方面是貪財，另一方面是為拉攏官員，這樣就站在一條線上。

升任御前大臣後，和珅因為升遷太快，非常年輕，於是遭到許多大臣妒忌和反對，經常遭到彈劾。和珅對待威脅自己的大臣如同敵人一樣冷酷，務必消滅。

內閣學士尹壯圖彈劾各省大員私自挪用庫存銀兩，暗中指向分管戶部的和珅。乾隆震怒，委派尹壯圖到地方核查，和珅建議派戶部侍郎慶成同往。郎慶成名義上是協同訪查，實際上暗中下絆子，每到一地，想法拖住尹壯圖，讓地方官趕緊借錢填補虧空，結果尹壯圖查無實據，反而因為誣陷大臣而下臺。

禦史曹錫寶打算參劾珅的管家劉全奢侈招搖，違反制度，企圖以此為突破口，進一步打擊和珅。但曹錫寶做事不謹慎，把折稿拿給老鄉吳省欽看，希望他幫助潤色。不料吳省欽恰好是和珅的親信，吳立即報告給和珅，和珅立即命令劉全銷毀超標的車馬等物品。結果，曹錫寶找不到證據，反而受到皇帝的詰難，有口難辯，被革職留任。

和珅還嫌一個官員錢灃多事，此後「凡遇勞苦事多委之」，沒多久就把錢灃累死了。

和珅的飛黃騰達充分說明，奸雄不是那麼好當的，必須有些真本事，必須善於揣摩最高人物的內心。如果和珅只會溜鬚拍馬，不能處理國家政事，不能把皇帝的事情處理好，無論如何也不會成為朝廷重臣，哈巴狗再會討人喜歡也只是一條狗。

第六失敗階段：自殺身亡。

一七九九年正月，太上皇乾隆駕崩。幾天後，嘉慶帝宣佈和珅的二十條大罪，下旨抄家，以後賜其自殺。

和珅，萬貫家財拋地下，一尺白綾上西天！幾天之內，從高高的天堂墜入深深的地獄，早知現在，何必當初啊！

六、短命「皇帝」袁世凱

袁世凱是近代中國著名人物，他推翻了清王朝，結束了統治中國長達兩千年的封建制度，當上中華民國的總統。他後來利令智昏，悍然復辟帝制，受到全國反對，在憂愁與悔恨中死去。

袁世凱從一個普通官員的子弟升到大總統，依靠什麼呢？除去會做事之外，還會做人。和其他奸雄一樣，袁世凱也是具備極高的厚黑學水準，頭腦十分靈活，什麼時候露出兇狠奸詐的模樣，什麼時候露出仁慈老實的模樣，都看情況而定。

第一成長階段：野心少年。

袁世凱自小喜愛兵法，立志學「萬人敵」。嘗自謂「三軍不可奪帥，我手上如果能夠掌握十萬精兵，便可橫行天下。」常常不惜重金搜羅購買各種版本的兵書戰策，被人譏笑為「袁書呆」。十三歲時袁世凱曾制聯「大野龍方蟄，中原鹿正肥」。這寥寥數語，充分體現了袁世凱的雄心。

袁世凱多次參加科舉考試，但沒有成功，一怒之下把詩文付之一炬，忿然說道：「大丈夫當效命疆場，安內攘外，焉能齷齪久困筆硯間，自誤光陰耶？」他還作詩《感事》一首以自勉：「眼前龍虎鬥不了，殺氣直上幹雲霄。我欲向天張巨口，一口吞盡胡天驕。」由此可見，袁世凱少年時代便有了遠大志向。

第二從業階段：棄筆投戎。

袁世凱於一八八一年前往山東登州投奔駐防當地的父親好友吳長慶。吳長慶幕府中囊括了張謇、周家祿等名士，袁世凱在他們的指導下砥礪磨練，紈絝之氣逐漸消失，「謙抑自下，頗知向學」，被認為是「有造之士」，於是被破格任命為幫辦營務處。

第三發展階段：在朝鮮發威。

一八八二年，朝鮮發生壬午軍亂，請求清廷出兵平亂，袁世凱跟隨吳長慶的部隊東渡朝鮮。袁世凱率領一支清軍配合行動，殺死了幾十名兵變參與者。戰鬥中，袁世凱一路放槍，帶頭衝在最前面，他的堅毅勇敢感染了部下，兵變很快得以平定。吳長慶在給清廷的呈報中將他讚揚了一番，說他「治軍嚴肅，調度有方，爭先攻剿，尤為奮勇」，報以首功。當年二十三歲的袁世凱則以幫辦朝鮮軍務身份駐藩屬國朝鮮，協助朝鮮訓練新軍，開啟了袁世凱練兵的先河。

袁世凱留鎮朝鮮期間，得到了朝鮮上下的一致好評，朝鮮人士稱讚他：「明達夙成，留京師（漢城）期年，大得都民之心」。他也和多名朝鮮士大夫結為忘年之至交。一八八四年金玉均等「開化黨」人士發動甲申政變，試圖推翻「事大黨」把持的政權，駐朝日軍亦趁機行動欲挾制王室；國王李熙派人奔赴清營求助，袁世凱指揮清軍擊退日軍，維繫清廷在朝鮮的宗主權及其他特權。

袁世凱因這一事件受到李鴻章的重視，封袁世凱為「駐紮朝鮮總理交涉通商事宜大臣」，儼然朝鮮的太上皇。袁世凱此時的行為和形象，完全是一個大忠臣大英雄。這也是多數奸雄的共同特徵，開始起步時個人力量很小，必須表現得非常正直，如此才能得到外界欣賞和支持，獲得力量，壯大自己。

第四轉折階段：天津練兵。

甲午戰爭前夕，狡猾的袁世凱感到中日必將在朝鮮大戰，中國必敗，因此他裝病回國。

袁世凱回國後，又奉旨前往遼東前線，轉運糧械、收集潰卒等後勤事宜。在前線的這十個月間，通過目睹甲午戰爭清軍兵敗如山倒的慘狀，袁世凱萌生了用西法練兵的設想。

清朝戰敗後，決心訓練新式軍隊。袁世凱得到這些個消息後，自己出錢找人翻譯外國兵書，並且根據自己在朝鮮統兵的經驗，寫出訓練新軍的計畫書。袁世凱拿著計畫書四處活動，拿出錢財找人說情。

此時，李鴻章已經因為甲午戰爭失敗，失去權勢，而皇帝老師翁同龢權勢極大，但翁同龢是李鴻章的政敵。為發展自己事業，袁世凱千方百計投靠翁同龢，甚至不惜出賣老上級李鴻章，最終贏得翁同龢好感和接納，取得訓練新軍的官職。

在天津小站，袁世凱為訓練好新軍，確實動了一番腦筋。他首先抓好兵源，一改舊軍隊的陋習，不要那些老弱病殘、吸食鴉片、嬌生慣養的人，明確要求招兵對象是二十歲左右的農民，身體強壯，性格樸實。這種兵能吃苦，肯順從，有利於管理。

袁世凱不僅培養新軍的戰鬥能力，而且培養新軍對自己的效忠之心。一次，大臣張之洞問袁世凱練兵的秘訣。袁世凱說：「練兵事看似複雜，其實簡單，主要是練成『絕對服從命令』。我們一手拿著官和錢，一手拿著刀，服從就有官和錢，不從就吃刀。」總之就是軟與硬、正與反兩手。

在強硬的方面，袁世凱革除了舊軍的許多毛病，例如不許吸煙，不許姦淫婦女，不許偷，不許搶。如果違反軍紀，嚴重者會處死。士兵出現問題，除去懲罰本人外，其直屬軍官負有監管不力的連帶責任，同樣受到責罰。

在柔軟的方面，面對違紀的官兵，袁世凱有時會寬容對待。袁世凱拋棄舊軍隊吃空額，克扣軍餉的劣習。每次發餉他都親自到現場監督，保證軍餉及時足額發到士兵手中。他經常到各營視察，和下級軍官和士兵攀談，對各級軍官和幕僚，甚至班長，幾乎都能叫出姓名，並瞭解他們的特點。

袁世凱經常觀看操練，有一次閱兵時下起大雨，侍衛要給他打傘，他堅決拒絕說：「我的士兵都在雨中，我怎麼不能在雨中。」那些小兵看到這一幕，都很佩服袁世凱。

在軍營裡面，每個班都供奉袁世凱的肖像，朝夕焚香跪拜。他還經常派人到各營演說，宣揚大家都由袁世凱養活，袁世凱是所有士兵的衣食父母。天長日久，新軍人心就這樣被收買，迷信袁世凱，只服從他的命令。

在袁世凱苦心經營下，新軍成為當時中國最有戰鬥力的部隊，受到清朝的重視。

袁世凱知道，成就大事不僅要有自己的嫡系人馬，還要搞好外部關係，尤其是同上層關係。當時，在甲午戰爭失敗的刺激下，清朝上下都掀起變法的潮流，光緒皇帝和慈禧太后都支持變法。袁世凱訓練新軍，其實就是借鑒西方軍事，屬於維新變法的一部分。因此，袁世凱積極結交維新派譚嗣同等人。與此同時，袁世凱也積極結交與維新派相對立的榮祿一派，左右逢源。

第五登頂階段：掌握天下大權

後來，慈溪太后排斥變法。譚嗣同秘密拜訪袁世凱，鼓動他出兵消滅慈禧太后。袁世凱感到維新派和守舊派的矛盾已經白熱化，自己必須選邊站。他清楚維新派缺乏實力，於是倒向守舊派，向榮祿告發譚嗣同的計畫，因此獲得慈禧太后的信任和賞識，不斷升職，最終成為軍機大臣，掌握天下大權。

第六失敗階段：倒退稱帝

宣統皇帝即位後，因為忌憚袁世凱的勢力，罷免袁世凱官職。辛亥革命爆發後，清政府企圖動用北洋軍去平叛，但是根本指揮不動，不得不請袁世凱出山。他趁機逼迫宣統退位，成立中華民國，當上總統。

當上總統後，袁世凱野心膨脹，總想再進一步，準備成立中華帝國，遭到全國反對，他在困頓和疾病中死去。僅僅做了八十三天皇帝，可笑可歎！

七、惡魔希特勒

看到希特勒這個名字，許多人腦海裡想起的就是惡魔這個詞。其實，如果不是發動二戰，屠殺猶太人，希特勒可能成為一些德意志人心目中的英雄。

希特勒出生於外國奧地利，是一介平民，沒有金錢，沒有政治經驗，沒有政治背景，但是在四十四歲就成為德國這個世界強國的元首，而且迅速發展國家力量，令人不得不震驚。他隨後發動二戰，一度佔據大半個歐洲，但也把世界以及德國本身推進災難的深淵，自己淪為魔鬼。

考察希特勒的人生軌跡，他就是厚黑學的代表，用薄紅加厚黑的方法獲得人們的支持，然後實行極端的厚黑。

第一成長階段：狂熱少年。

一九〇五年，十六歲的希特勒開始熱衷於政治，他對哈布斯堡王朝和奧匈帝國境內的所有非日爾曼民族已經產生了強烈的憎恨，對於凡是日爾曼民族的一切，都有著同樣強烈的熱愛，成為了一個死不悔改的狂熱的日爾曼民族主義者，並忽然喜歡起讀書來。他參加了林茨的成年教育圖書館和博物館學會，大批大批地借閱圖書，其中，最喜歡閱讀的是關於德國的歷史與德國的神著。

第二從業階段：參加一戰。

父母雙亡之後，希特勒的生活日益窘迫，之後因為奧匈帝國這個他憎恨的多民族國家徵兵，他逃到德國的慕尼克，不得不流浪到街頭行乞，靠賣畫為生，有時被雇傭來掃雪、扛行李，後來當素描畫家和水彩畫家。

一九一四年八月，一戰爆發，希特勒志願參加了德國巴伐利亞預備步兵團，在西線與英法聯軍作戰，曾經立功和負傷。

第三發展階段：組建納粹黨。

一戰結束後，一九一九年九月，希特勒接到陸軍政治部的一項命令，要他去調查一下一個自稱「德國工人黨」的小政治團體的情況。這個黨的綱領是社會主義、國家主義、反猶主義，和希特勒的主張不謀而合，隨後他就加入這個黨，邁出了他人生中最具決定性意義的一步。

之後，希特勒組織集會進行演講，宣揚對《凡爾賽和約》的不滿，對猶太人的仇恨。這引起許多人的共鳴支持。因為，一戰結束後，作為戰敗國的德國損失慘重，大量地割地賠款，削減軍隊，許多百姓感覺屈辱，產生復仇心態。希特勒的演說通俗易懂，十分煽情，獲得許多人支持。希特勒也得以在黨內升職，成為宣傳部長。

為吸引群眾，他利用德國當時盛行的民族主義和社會主義兩股潮流，將德國工人黨正式改名為「國家社會主義德國工人黨」，這便是納粹黨。

一九二〇年三月，希特勒退伍，之後他便把他全部精力都投入到了黨的工作中去了。在此期間有一批為希特勒的學識、膽量、驚人的口才所折服的各方人士加入到了納粹黨的隊伍中來，使納粹黨的勢力一下子增加了許多。

一九二一年七月，黨內有人反對他的領導，希特勒以退出納粹黨相威脅，迫使黨同意他當元首，並享有指揮一切的權力。

一九二三年十一月八日晚，希特勒發動了啤酒館暴動，企圖奪取政權，最終以失敗告終，政府下令禁止納粹黨，封閉納粹黨報。

一九二五年一月四日，出獄後的希特勒拜訪巴伐利亞總理，承認一九二三年的政變是一個錯誤，並保證今後一定循規蹈矩，遵紀守法。這樣，在二月份，巴伐利亞政府就撤銷了對納粹黨禁令，希特勒又獲得了獨裁元首的身份，但被禁止在公開場合演說。

第四轉折階段：經濟危機。

一九二九年十月末從華爾街開始的經濟恐慌迅速蔓延，導致了一場世界性經濟危機。德國的經濟是靠美國發展起來的，所以受害最大。企業倒閉，產銷蕭條，失業人數直線上升。這可給希特勒提供了絕好的機會。他稱經濟危機是「政府無能」的一個佐證，是政府接受凡爾賽和約和戰爭賠款及奉行「社會主義」政策的結果，是共和國和歷屆政府毀滅了德國的一切。希特勒公開宣佈，他歡迎這場經濟危機。他正可以利用它達到搞垮共和國的目的，而且他為此甘願去幹任何事情。

不久，經濟危機就發展成為一場國家危機。由於經濟蕭條，國家稅收下降，相反失業救濟的支出卻迅速增加。一九三〇年三月，魏瑪共和國的最後一屆政府終因入閣各黨在如何平衡國庫虧空問題上意見分歧而垮臺。

從一九三〇～一九三三年期間，魏瑪共和國不得不由所謂的「總統內閣」來治理，經濟危機更使社會各階層的矛盾不斷激化，人民群眾對魏瑪共和國政府極為不滿，強烈要求建立一個拯救德意志民族、給社會帶來安定，給人民帶來幸福的新政府。在這種社會背景下，希特勒展開更強大的宣傳，對各階層人民不斷做出符合其願望的慷慨許諾。

他在宣傳中以全民族利益的代表者出現，宣揚亞利安民族至高無上，高叫要復興德國；向工人許諾要實行民族社會主義，消除失業；向農民保證給予土地，向軍國主義者保證要建立一支強大的軍隊。

這種宣傳不能不打動處在絕望之中的德國人民，他們相信希特勒的諾言能夠兌現，因而紛紛聚集在納粹的旗幟下。危機前，納粹黨只有十點八萬人，到了一九三二年，人數超過了一百萬。從一九三〇年開始，納粹黨在國會選舉中不斷獲得勝利。

一九三二年四月，德國舉行總統大選，希特勒得票13418547張，占36.8%，興登堡得票19359983張，占53%。興登堡票數過半，當選為德國總統。

雖然競選總統失利，納粹黨卻在同年七月的國會選舉中獲勝，贏得了國會六百〇八個議席的兩百三十個，成為國會第一大黨。在十三名工業和銀行巨頭聯合舉薦下，總統興登堡於一九三三年一月任命希特勒為總理。

第五登頂階段：成為德國元首。

一九三三年希特勒上臺時，德國經濟幾乎癱瘓。德國有六千六百萬人口，但失業人數高達六百萬，還有四百萬臨時工，算上家屬，德國有接近一半人掙扎在貧困線上，忍饑挨餓。

二月一日，希特勒上臺第三天，他就在廣播電臺發表《告德意志國民書》，聲稱政府決心「拯救德意志的農民，維持給養和生存基礎！拯救德意志的工人，向失業展開一場大規模的全面進攻！」

希特勒採取了一系列措施來恢復經濟的發展，包括積極的財政政策，包括增加稅收、擴大國債和實行通貨膨脹、興辦公共工程擴大就業，大力推行社會保險制度，增加和提高國民的社會福利。

在希特勒努力運作下，經濟創造出奇跡，國內形勢迅速穩定下來，其本人獲得很大威望。經濟穩定促使希特勒政治野心膨脹。就任總理不足兩個月，他就發佈了《授權法案》，授權自己不經國會同意就可以發佈任何法令。隨後他解散和消滅其他政黨，實行納粹黨一黨專政；取消言論、出版自由，完全控制輿論；取消結社自由，取締工會，禁止一切罷工；取消聯邦的自治權力和地位。

一九三四年六月，興登堡總統去世，希特勒在三小時內就宣佈取消總統職位，將總統與總理職位合而為一，自任國家元首兼政府總理，從此再也沒有人可以約束希特勒。在希特勒變成獨裁者過程中，有幾個現象令人驚愕。其一，違反民主制原則的《授權法案》，竟然能夠在國會獲得通過。其二，軍隊可以輕易地就推翻希特勒獨裁，但軍隊卻宣誓向希特勒效忠。其三，德國全民表決，三千八百萬合格選民中有90％支持希特勒成為國家元首。

獨攬大權後，希特勒更加有效地推行其政策。到一九三八年德國失業率下降到區區1.3％，遠遠低於其他大國。從一九三二年到一九三七年，國民生產總值增長了102％，國民收入也增加了一倍了，德國還研製出大批高科技產品。一九三八年夏天，希特勒甚至宣揚，「每個德意志職工擁有一輛小汽車」。

在大力解決就業問題的同時，希特勒對百姓大力推行各種優惠政策，積極改善工人的勞動條件和生產環境，實行社會保險制度，提高國民的社會福利，擴大職工的帶薪休假制度。希特勒下令修建了一批療養院和旅館，建造名為「力量來自歡樂」的旅遊船。僅僅一九三七年一年之內，有一千萬人參加「力量來自歡樂」的休假旅遊，據此納粹各種媒體拼命宣傳「過去只有資產階級才能享受的休假旅遊，現在納粹德國的工人也成為可能」。

這一切大大提升了德國人的生活幸福感和民族自豪感，同時大大增加了希特勒的威望。

在個人交際方面，希特勒頗有紳士風度。根據希特勒的一位保鏢回憶，希特勒對屬下很和善，派其私人醫生為他看病，專門放假讓他去和戀人約會。當打字員打錯了字，希特勒很少責備她。希特勒收到崇拜者寄來的許多禮物，有雪茄、果醬罐頭、鮮花等，多數轉贈給窮困的農民。

在個人生活方面，希特勒非常自律，不吸煙，不喝烈酒，偶爾喝啤酒。他還親自提倡納粹德國的禁煙運動。他甚至承諾，贈送給周圍成功戒煙者一隻金表。

第六失敗階段：發動二戰。

經濟成功，讓希特勒成為當時德國人心目中的英雄，獲得巨大的信任。希特勒趁機塑造個人崇拜，加強獨裁，然後發動戰爭，暴露出特別黑心腸。希特勒發動的二戰，促使幾千萬人死亡。尤其是猶太人死亡更甚。

希特勒是個狂熱的種族主義者，特別憎恨猶太人，實行歷史上無與倫比的種族滅絕政策。納粹分子建造了龐大的集中營，把無辜的猶太人，不論男女老幼投進毒氣室活活毒死。希特勒害死接近一千萬猶太人。希特勒的殘暴令任何一個有良心的人感到憤怒和恥辱。這樣的厚黑之輩自然不會有好下場。

第四章

梟雄一面英雄一面奸雄

社會上人多了，什麼人都有。有些大名鼎鼎的人物兼具英雄和奸雄的一些特點，成為混雜的英雄或奸雄，令人感歎唏噓不已。

吳起、項羽、胡雪巖三人身上，英雄的成分大一些，奸雄的成分少一些，成為混雜英雄；杜月笙身上，奸雄的成分大一些，英雄的成分少一些，成為混雜奸雄。不過，可以把他們統稱為梟雄。

梟雄同時奉行薄紅學和厚黑學。梟雄的路程階段，有的和英雄一樣，有的和奸雄一樣。

一、精神分裂者吳起

吳起是戰國時代著名的軍事家，雄才大略，戰無不勝，攻無不克，為保衛國家立下赫赫戰功，樹立一個鮮明的英雄形象。但是，他在做人處世方面是一個不折不扣的厚黑學大師。他具有極端強烈的功名之心，為此可以不擇手段，對有利於自己發達的人極端恭敬，哪怕對方是個無名小卒；對有害於自己發達的人極端輕視，哪怕對方是結髮妻子。正是這種畸形的精神分裂症人格，造成吳起的流芳百世與遺臭萬年並存。

吳起的路程和英雄一樣，分為六個階段：

第一成長階段：心狠手辣。

吳起是衛國人，家境本來十分富有。他太想當官了，就不斷拿出錢財去巴結權貴，厚著臉皮吹噓自己的本事，可惜始終沒有成功，反而導致家庭破產。鄉鄰都恥笑他，吳起就殺了三十多個譏笑他的人。根據這一件事情，就足以說明吳起的內心是黑色的，嚴重缺乏博愛。

逃亡之前，他咬一口臂膀對母親發誓：我當不上卿相，不再回家。此後他就在孔子徒弟曾參門下學習。過了不久，他母親去世，他竟然真的沒有回家服喪，這在古代是大不孝。曾參因此很鄙視他的品德，把他趕走了。

第二從業階段：懂兵。

吳起來到魯國，於是棄儒學兵，侍奉於魯國季孫氏門下。吳起與人們經常談論兵法，博得一個懂兵的名聲。

第三發展階段：殺妻求將。

西元前四一二年，齊國攻打魯國，魯國國君想要拜吳起為將軍，但是吳起娶了齊國的女子為妻，所以魯國國君懷疑他的忠心。吳起因此殺死妻子，表達對魯國的效忠之心，史稱殺妻求將。這是多麼殘忍無情啊！

吳起成為魯國將軍，先整理軍隊，對一起當兵的兄弟倆人放走一個回家，剩下的弟兄沒有後顧之憂自然敢於拼命。由此可見，吳起很懂人心是什麼，很懂如何籠絡人心。他又主動示弱，麻痺齊軍，然後率領軍隊突然襲擊，大敗齊軍，立下大功。但是魯國君討厭吳起的品德，辭退他。

第四轉折階段：投靠明君。

吳起只好離開魯國，前去投靠魏文侯。文侯詢問大臣李悝：吳起為人如何？李悝回答：吳起貪榮名而好色，但是，他用兵很強，就連齊國大將司馬穰苴也不如他。魏文侯看重吳起的軍事才能，就接受吳起。魏文侯於是任命吳起為將軍，輔佐樂羊攻打中山國。

第五登頂階段：威震敵軍。

西元前四〇九年，魏文侯任命吳起為主將，攻克秦國河西地區一個城市。後來擔任西河郡守。吳起對待士兵，採取大恩與大威並施的策略。在大恩方面，吳起挑選體格健壯性格勇敢的士兵擔任「武卒」，免除其全家的徭賦和田宅租稅，並對「武卒」嚴格訓練，使之成為魏國的精銳之師。

吳起和最下層的士卒同衣同食。睡覺時不鋪席子，行軍時不騎馬坐車，親自背乾糧，和士卒共擔勞苦。

有位士兵身上長了一個大毒瘡，吳起不嫌棄髒，替他將膿水吸吮出來。這個士兵的母親知道這事後大哭起來。別人奇怪地說：你兒子不過是個小兵，而將軍親自為他吸膿水，多麼大的面子，你為什麼還要哭呢？母親回答：不是這樣。去年吳將軍為他父親也吸過膿水，他父親感動地拼命作戰，結果戰死了。現在吳將軍又為我兒子吸膿水，他肯定也會戰死，所以我哭泣啊。

吳起這個事情顯得非常詭異，黑心和紅手彼此密切結合為一體。他完全把士兵當做工具來使用，引誘其捨生忘死。如果他具有紅心，完全可以下令讓其他士兵來代替自己吸吮膿水。以幾萬士兵的統帥而吸吮普通士兵身上的膿水，如此巨大的反差，只能說是居心叵測。

吳起不僅用個人關懷的行為來激勵士兵，而且用榮譽、親情激勵士兵，千方百計調動其作戰積極性。每次打完大勝仗之後，他請魏文侯舉行慶功宴會，讓立下頭等功的士兵坐前排，使用金、銀、銅等貴重餐具，吃豬牛羊三種肉；立下二等功的士兵坐中排，貴重餐具適當減少；無功者坐後排，使用普通餐具，飲食簡單。宴會結束後，吳起還要在大門外賞賜有功者的父母和妻子。對戰死將士的家屬，吳起每年都派使者慰問，賞賜錢財，以示不忘。

儘管吳起是把士兵當工具利用，士兵也許清楚吳起的用心，但是這種愛惜尊重士兵的行為還是得到士兵們的感激，願意為他赴湯蹈火，所謂重賞之下必有勇夫。

吳起不僅對士兵實行大恩惠，而且實行大威嚴，強調軍令如山，展現出烏黑的手腕。

有一次，吳起指揮魏軍與秦軍對陣，在沒有擊鼓進軍的時刻，有個魏兵按捺不住殺敵的衝動，一個人勇猛地衝向敵軍陣營，斬獲兩個敵人的腦袋，返回魏軍陣營。吳起立刻下令斬殺此兵，執法官勸諫：這個士兵非常勇敢，還非常有才幹，請將軍饒恕他。吳起嚴肅回答：他的確很勇敢，但違背我的軍令，當斬不赦。

在吳起的調教下，士兵對吳起既熱愛又懼怕，完全服從吳起的命令。士兵對打仗一點也不懼怕，反而十分喜歡，拿著打仗當飯吃，因此作戰之時非常勇敢，所向披靡，無堅不摧。

西元前三八九年，秦惠公出兵五十萬攻打魏國。魏國的士卒得知這一消息，不等待官吏的命令自動穿戴盔甲準備抗敵的達數以萬計。吳起親自率領其中沒有立過軍功的五萬人，外加戰車五百輛、騎兵三千大敗秦軍。

吳起擔任西河郡守期間率兵南征北戰，為魏國奪取土地千里。期間共與諸侯軍隊大戰七十六次，大勝六十四次，其餘不分勝負。

第六保持階段：投靠楚國。

魏文侯死後，魏武侯開始也器重吳起，但是，魏國大臣都畏忌吳起，知道這個人為升官什麼事都幹出來，最後把他擠兌走。

吳起又到楚國，楚悼王拜他為丞相。吳起大刀闊斧地改革，使得楚國成為強國，拓展疆域，使得諸侯懼怕楚國。

但是吳起的改革十分決斷殘酷，絲毫不留情面，得罪大批貴族。在楚悼王死後祭拜之時，貴族們趁機率領軍隊射殺吳起，吳起趕緊趴在楚悼王屍體上，企圖使貴族顧忌。但貴族十分痛恨吳起，顧不得許多，還是射殺了吳起，一些箭也射到了悼王的屍體上。繼位的楚王把那些貴族也逮捕處決，多達七十多家。

吳起死後還能報仇，真不愧為一個大梟雄！

二、惡霸之王項羽

提起項羽，許多人眼前都會浮現出一個勇敢無畏的英雄形象。的確，在某些方面，項羽表現出一些英雄行為，例如特別勇敢，破釜沉舟，消滅秦軍主力，推翻殘暴秦朝；深愛虞姬一個女人；最後寧肯自殺，也不渡江逃走。但是，在另一方面，項羽表現出許多惡匪行為，坑殺二十萬投降士兵；攻破城池後屠殺百姓；進入咸陽後大肆屠殺和搶劫。綜合兩方面，項羽兼具英雄很薄紅和奸雄很厚黑的特點，成為梟雄。

第一成長階段：學習萬人敵。

項羽的父親早亡，他從小跟著叔父項梁長大。少年項羽學習寫字，沒有學成就放棄了；又學習劍術，還是沒有學成，也放棄了。項梁就責怪侄子。項羽則反駁：寫字，能夠會寫姓名就足夠了；劍術，只能應對一個人，沒多大用處。我願意學習的是能夠征服萬人的大本事。項梁同意了，就教授項羽以兵法。項羽十分高興，但是老毛病又犯了，剛懂得一點兵法的皮毛，就不肯深入學習了。俗話說，三歲看大，七歲看老，少年時期的項羽就形成極薄臉面，剛愎自用、狂妄自大的人品，這是導致他失敗的內在原因。

項羽具有顯赫的家世，祖輩世世代代做楚國的大將。其祖父就是大名鼎鼎的項燕，曾經大破秦國李信軍隊，後被秦國王翦消滅，楚國隨之滅亡。這段經歷對項羽人格造成強烈影響，顯赫家世讓他變得極端自負，祖父被殺和祖國滅亡讓他心腸變黑，充滿仇恨，變得殘暴。

第二從業階段：大力士。

項梁因故殺了一個人，為躲避其親人報仇，帶著項羽投奔到吳中。項梁結交了大批英才。會稽郡太守殷通十分欣賞項梁的才華，與他結成好友。

項羽成人後身高二米左右，力能舉鼎，才氣超人，受到吳中當地的年輕人敬畏。項羽變得越發狂傲。秦始皇遊覽會稽郡時，項梁和項籍一起去觀看。看到秦始皇威風凜凜，尊貴無比，項羽嫉恨地說：「那個人，我可以取代他！」項梁嚇得趕緊捂住項羽的嘴，說：「不要亂說，要滿門抄斬的！」但項梁因此感到項羽絕非凡人，因此更加器重。

項羽和劉邦都看到秦始皇出行，都產生羨慕心情，不同的是，劉邦說：大丈夫就應該這樣啊。項羽說：那個人，我可以取代他。兩人話語有相通之處，但是劉邦的話有效仿的意味，顯得高尚，而項羽的話有搶奪的意味，顯得自私狹隘。

第三發展階段：起義。

西元前二〇九年七月，陳勝、吳廣在大澤鄉揭竿而起。九月，會稽太守殷通在府衙內室對項梁說：我也準備發兵，打算任用你和桓楚為將軍。聽完這話，項梁走出內室，招呼項羽進來，一刀殺死殷通。

項梁手裡提著殷通的頭顱，佩戴太守的官印，走出內室。殷通部下一片驚慌，項羽又連殺將近一百人。整個郡府的人都嚇得趴倒在地，沒有一個人敢起來。

項梁為獨攬大權，命令項羽殺死殷通，違背友誼。項羽雖然是奉命殺人，但是也顯得有些不夠仁義，畢竟殷通招待保護其叔侄二人多年。而後項羽殺殷通下屬近百，也過分。如果要立威，幾十人就足夠了，不至於讓人們嚇得不敢起身。項羽在這裡就顯示出其殘暴的性格。

項梁發動起義反秦後，委派項羽去攻打襄城。經過艱苦戰鬥，項羽才攻下襄城。項羽十分憤怒，就命令屬下把襄城軍民全部活埋。這是君子所幹的事情嗎？

項梁得知陳勝死亡消息後，就召集各路起義軍首領來薛縣聚會，共議大事。劉邦和范增也都趕到薛縣。范增遊說項梁，讓楚懷王的後人熊心做了楚王，仍然稱為楚懷王。西元前二〇七年七月，項羽攜劉邦共同攻打城陽，由於受到激烈抵抗，項羽勃然大怒。他在攻佔城陽後，為洩私憤，又一次採取了屠城的方式。在這裡，項羽自私和殘暴的人性充分顯示出來。

第四轉折階段：巨鹿之戰。

二〇七年，另一支起義的隊伍被圍困在巨鹿，首領趙王派人向楚國求救。楚懷王答應救趙，派遣宋義做主將，向北出發。同時，為了分散秦軍力量，決定另外派一支部隊向西直接攻秦。為激勵士氣，楚懷王約定，誰先入關中，誰就是關中王。

當時由於秦軍聲勢正壯，楚國上下都不看好西征，都不願意領軍西征。大臣們經過反覆商議，推舉劉邦為西征軍統帥，理由是劉邦待人寬厚大度，可以減少西進阻力。而項羽因為叔父之死，強烈要求跟隨劉邦西征。但大臣們都認為項羽為人「彪悍滑賊」並且「所過皆殘滅」，不利於西征，拒絕了項羽的要求，讓他跟隨宋義北上救趙。

項羽在人們心目中是一個什麼人？上面故事就給出清晰的答案：剽悍滑賊，即十分勇猛和狡猾，屬於惡人一類。這就是項羽主要和真實的一面。

宋義率領部隊抵達安陽，停留四十六天不向前推進，拒絕了項羽多次前進的請求。項羽惱火了，就走進宋義帳篷殺死他，出來向軍中發令說：「宋義和齊國同謀反楚，楚王密令我處死他。」將領們心中都明白項羽撒謊，但是平時都畏服項羽，此時沒有一個人敢抗拒。軍中不可一日無帥，大家一起擁立項羽作為代理上將軍。項羽派人去追趕宋義的兒子，把他殺死。項羽又派人向懷王報告自己殺死宋義一事。楚懷王無奈，任命項羽作了上將軍。

項羽殺死不積極救援的宋義，情有可原，但是假傳楚懷王密令，顯得不真誠；接著追殺其兒子，顯得殘暴。

項羽率領全部軍隊渡過漳河後破釜沉舟，以此向士卒表示決鬥到死，毫不退縮的決心。接近秦軍後，項羽身先士卒進行衝鋒，楚軍戰士無不以一當十，奮勇殺敵，打得秦軍落花流水。項羽在打敗秦軍以後，召見諸侯將領。他們都被項羽驚呆了，進入軍門時，一個個都跪著向前走，沒有誰敢抬頭仰視。從此，項羽統帥各路諸侯。

巨鹿之戰，秦軍主力喪失，實際上宣告了秦朝的滅亡。因此，項羽為推翻殘暴秦朝立下最大功勞。但是，他推翻秦朝的目的很狹隘，完全是為家族以及原來楚國復仇，並沒有從天下百姓和統一中國的角度去考慮，注定他走不了多遠。

巨鹿之戰後不久，章邯率二十萬士兵投降項羽，項羽帶領大隊人馬奔向關中，走到新安出事了。

諸侯的士卒以前都在秦國服過徭役，受盡秦兵的欺壓，當時憋火。現在秦兵投降，諸侯兵都把他們當作奴隸來驅使，肆意役使和打罵，以解心頭之恨。於是，秦兵產生不滿，密謀反叛。項羽得知秦兵事情後，召集下屬商議，認為秦兵很多，入關中後如果不聽令，會產生非常大的禍害。於是項羽決定把秦國降卒二十餘萬全部坑殺，只剩下章邯等三個主將活命。

客觀來說，項羽的顧慮是有道理的，但是應該採取安撫和分化秦軍的策略，不該因為這個擔心而殺人，更不該全部屠殺，這可是活生生的二十萬生命啊，他們背後有多少親人啊。如果項羽有較多的仁慈之心，斷然不會幹出如此喪心病狂的事情。項羽此舉，大失民心。可以說，坑殺二十萬秦軍，就是邁向滅亡的第一步。

第五登頂階段：分封諸王。

項羽進駐鴻門，劉邦前來赴宴。范增建議項羽殺掉劉邦，但項羽始終沒有下令殺掉劉邦。許多後人用這個事實來說明項羽的仁慈和正直。其實，根本不是這麼一回事。

項羽十分狂妄自大。在打敗章邯後，其自信心空前爆棚，認為無人敢於反抗自己。而劉邦呢，此時表現得十分低調，根本沒有獨立稱王的意思。因此，項羽沒有殺劉邦的必要。

鴻門宴後，項羽率兵進入咸陽，殺了秦降王子嬰，殺光秦朝宗室，燒了秦朝的宮室，大火三個月都不熄滅，許多普通百姓也遭殃不少；最後，項羽劫掠了秦朝的財寶、婦女回歸家鄉。

項羽與秦國有國仇家恨，內心痛恨秦國是可以理解的，適當報復一下也可以。但是，他的報復太大了，如同一個殘暴無比的土匪頭子闖進百姓家中，毀滅一切，劫掠一切，身上的貴族氣息乃至人類氣息蕩然無存。

另外，秦國滅亡後，關中的土地和百姓都已經屬於項羽本人的了，怎麼不珍惜呢？項羽和劉邦在咸陽的做法有天壤之別，加上項羽坑殺二十萬秦軍，關中百姓十分痛恨項羽。可以說，此時此地，項羽就埋下失敗的禍根。

在咸陽，項羽尊懷王為楚義帝，另行分封天下。他把原來六國的土地封給有功的部下和其他反秦軍將領，把原有的自立的魏王豹、趙王歇、燕王韓廣、齊王田市封到偏遠地方；項羽又違背楚懷王的約定，把應為劉邦所有的關中，封給章邯等三位秦朝降將，而把劉邦封到漢中當漢王。這些分封很不適當，一些人因此不滿意項羽，以後導致項羽多面受敵，最終失敗。

項羽自立為「西楚霸王」，統治梁楚九郡，定都老家彭城。有個韓生奉勸項羽仍在咸陽建都，擺出的理由是，關中地區有天險可守，而且土地肥沃，在此建都，可以奠定霸業。項羽看到秦朝宮殿都已燒毀，同時又懷念故鄉，一心想回東方老家，就回絕說：人富貴了，應該回到家鄉，讓父老鄉親瞧瞧。否則，富貴後不回家鄉，如同錦衣夜行，誰看得見？

韓生告辭項羽後私下對別人說：「大家都說楚國人是戴著人類帽子的獼猴，目光短淺，現在想來果然如此。」項羽聽說此話，勃然大怒，命令衛兵烹殺了韓生。

韓生對項羽的評價有些惡毒，但是他出於一片忠心，情有可原，而且就算應該被殺死，也不該使用烹煮的方式。比較砍頭，烹煮會讓人在死前經受極大痛苦，這就顯得項羽殘暴不仁，心黑手辣，甚至有虎狼心腸。

項羽雖然尊稱楚懷王為義帝，但是不肯服從其命令。他還迫使義帝遷出彭城，隨後密令英布殺死義帝。楚懷王是一個傀儡，推翻秦朝的確是依靠項羽個人非凡的神勇，但是楚懷王畢竟是名義上的義軍領袖和天下共主，短短幾個月遭到誅殺，充分顯示項羽的狂傲和殘暴。

第六失敗階段：失敗自殺。

項羽一系列的倒行逆施終於招致懲罰。西元前二〇六年，齊國的貴族田榮在城陽造反，項羽擊敗田榮後燒毀齊國房屋，把降兵全部坑殺，擄掠男女老幼遷往北海，導致死傷無數。齊國人十分痛恨項羽，聯合起來一起反叛。田榮的弟弟田橫趁機收編齊兵幾萬反攻，重新佔據城陽。項羽不得不返回頭再打城陽。由於恐懼項羽殺降兵，齊兵拼命抵抗，項羽持久攻擊也無法奏效。

趁著項羽陷入齊國泥潭，退往漢中的劉邦立即出兵攻擊，不到一個月就輕鬆佔領關中。劉邦又打出為義帝報仇的旗號，召集天下諸侯一起攻打項羽，一度佔領都城彭城，可惜被項羽率領騎兵打敗。

另一個強悍將領彭越在外黃城也開始造反。項羽經過艱苦作戰才攻破外黃城。項羽惱怒城中百姓，命令楚軍逮捕並活埋十五歲以上的男子。全城百姓無不驚恐萬分。這時，有個十三歲的少年人求見項羽，勸說道：聖人言，得人心者得天下，失人心者失天下。要活埋城中平民百姓，大王並不費力，但是其他城的百姓聽說此事後，為保住自己生命，就會拼命抵抗你，擁護劉邦。那樣你就會四面樹敵，不利於霸業。

項羽聽後心中一驚，立即命令手下釋放百姓，嚴禁傷害。此事傳開後，十多座城池都不戰而降，歸屬了項羽。項羽此時算是恢復了一點人性或者理智，但是為時已晚，其惡名已經傳遍天下，民心全部喪失。

西元前二〇四年初，劉邦被項羽圍困在滎陽，形勢危急。劉邦的謀臣陳平施展一個反間計，驅逐了項羽的重要謀臣範范增。

離間的故事非常簡單。項羽的使者來到劉邦府衙，商談投降事情。劉邦的一個侍從端上豐盛飲食進入使者的房間準備進獻，仔細觀看使者後，故意驚訝地說：我原來認為是范增的使者，想不到竟然是項羽的使者。侍從說罷臉色陰沉下來，接著更換佳餚，改用粗陋的飲食招待項羽的使者。使者回去後報告項羽。項羽就懷疑范增與劉邦有私情，漸漸奪去范增權力。范增怒而辭職。

這個離間故事如此簡單，簡單到令人可笑。項羽不聽明嗎？非也。不是項羽不聽明，而是項羽太狂妄，太自私，容不得別人一絲背叛。

項羽失去范增的支持，加速其滅亡進程。劉邦接著提出投降，項羽答應。劉邦命手下扮演自己出去投降，自己趁機逃離滎陽，從此再也沒有給項羽以類似的機會。

楚漢戰爭相持四年，殘暴寡恩、眾叛親離的項羽逐漸落到下風，最後被逼自殺身亡，結束了一代梟雄的命運。

我們後人評價項羽，往往看重他在巨鹿一戰中消滅秦軍主力，為推翻暴秦建立突出功勳。但是當時人們會注重項羽的整體，其過遠大於功，暴秦是狼，而項羽是比狼更狠的虎豹，自然得不到民眾支持，失敗是必然的。

有些人讚歎項羽平時待人彬彬有禮，言語溫和。其實，這不過是項羽的自愛心使然，讓別人把他當做貴族看待，而非從內心真正博愛他人。否則，項羽絕不會濫殺無辜幾十萬。有些人讚歎項羽只愛一個女人虞姬。其實，在古代，一個大人物有三妻四妾是特別正常的。按照現在人的眼光看，項羽只愛一個女人可以看做優點，但是把這個優點和國家民族的命運、個人的政治偉業比較起來，就微不足道了。

李清照讚歎項羽寧肯死也不逃跑，體現一種勇士和英雄的風采。其實，這種勇氣對於一個小人物是巨大的光榮，但對於一個大人物卻是巨大的諷刺。為國家大業、為個人偉績，忍辱負重怕什麼？項羽和那位低頭做敵人奴隸、臥薪嚐膽的勾踐相比，如同狗熊而已。項羽太重視個人聲譽了，他是一個不敢接受屈辱的懦夫！

三、商聖胡雪巖

與曾國藩同時代的胡雪巖，經歷充滿了傳奇色彩。短短十幾年，他從地面竄到天上，由錢莊夥計一躍成為顯赫一時的紅頂商人，被民間譽為商聖；他又在短短幾個月，從天上摔倒地上鑽進土裡，令人瞠目結舌。

同曾國藩一樣，胡雪巖的處世方法儘管被人稱頌，但是在我看來，他仍然屬於薄紅者，程度極高的薄紅者。同時，他身上還兼具較強的厚黑色彩，有些為達目的不擇手段的特性，為個人私利而侵佔國家財富，因此而失敗。綜合來看，胡雪巖屬於梟雄。

第一成長階段：艱辛童年。

胡雪巖十二歲時，父親去世，依靠母親生活，自然十分清貧。但是，其母親堅強、自立和善良的風格薰陶著胡雪巖，為其做人處世樹立一個榜樣。

第二從業階段：善有善報。

胡雪巖十三歲開始給人家放牛。一次，撿到一包金銀財寶，拾金不昧，歸還主人。主人為感謝，推薦他到火腿店當夥計。他以後又到錢莊當夥計。他依靠自己的真誠善良以及聰明勤奮，升為外櫃，可以獨立收取賬款。

第三發展階段：資助官員。

胡雪巖認識了落魄之中的王有齡。王有齡早就捐了浙江鹽運使，但再也無錢進京打點，撈不到實際官職。胡雪巖慧眼識人，認定他必有前途，就決定資助他。恰巧，胡雪巖手頭有錢莊的一筆五百兩銀子的呆帳，以前沒收回來，掌櫃的也不打算回收了。胡雪巖施展方法收回來，把五百兩銀子送給王有齡。這件事情顯示胡雪巖心腸極紅，大仁大義，資助一個萍水相逢的落難者，同時顯示胡雪巖的手腕有點陰損，因為這筆錢怎麼著也是錢莊的，不是胡雪巖自己的，應該請示掌櫃定奪。

最奇特的是，胡雪巖回到錢莊把事情一五一十地說了出來，還拿出王有齡寫的借錢字據，本來這事大家都不知道，可以隱瞞下去，這又顯示胡雪巖的光明磊落。結果，胡雪巖被老闆趕出錢莊，生活窮困不堪。

後來，王有齡當上浙江糧台總辦，感恩回報，利用朝廷的稅收資助胡雪巖成立阜康錢莊。從此，胡雪巖的人生步入快車道。

胡雪巖開辦錢莊十分注重信譽，深得客戶信賴。一次，他接待了一位綠營軍官羅尚德。他的要求很特殊，存入一萬兩銀子，但既不要利息，也不要存摺。原因一方面是他相信錢莊信譽，一方面是他要上戰場，生死未卜，存摺帶在身上很麻煩。仗義的胡雪巖當即決定，錢莊仍然給予他利息和存摺，存摺交給錢莊掌櫃代管。後來，羅尚德身負重傷，死前委託兩位同鄉提出存款，轉給親戚。

兩人來到阜康錢莊，原來認為沒有任何憑據，錢莊會刁難，甚至賴帳。出乎意料，阜康只讓他們找人證明確是羅尚德的同鄉，沒費一點周折，就付給全部存款和利息。

胡雪巖的這種真誠可謂極高，現在許多商人也宣揚自己真誠，與胡雪巖的真誠相比簡直是小巫見大巫，估計碰到這種情況都會翻臉不認帳。正是這種超常的真誠，贏得美好的聲譽，吸引大量客戶來到阜康存款，胡雪巖能不發達嗎？

胡雪巖幫著王有齡操辦皇室用糧的運輸，當時缺乏糧食，需要借墊負責水路運輸的漕幫的糧食。胡雪巖以他的見識和風度，深得漕幫幫主魏老頭子的賞識，滿口答應。不過，胡雪巖和漕幫此時具體負責人尤五交涉時，發現他面露難色，吞吞吐吐，就詢問實情。尤五說，現在糧價上漲，價格不好確定。胡雪巖當即豪爽表示，糧食現在買下，糧價按照以後升到的最高價計算。尤五立即被感動，從此死心塌地為胡雪巖效力。

如果胡雪巖只顧自己，不考慮尤五的難處，拿出魏幫主的命令，尤五也會照辦，但是與漕幫合作的第一回就成為最後一回。正因為胡雪巖沒有做一錘子買賣，他同漕幫結成了牢固的夥伴關係。依靠漕幫的運輸和保護，胡雪巖成功地大規模販賣絲茶和軍火，賺大發了，遠遠彌補當年的「虧損」。只有高投入才會有高收入，只有高風險的投入才會獲得最大收入，胡雪巖深諳此道，嫻熟運用。

時任浙江藩司的麟桂調派江甯藩司，臨走時虧空兩萬兩銀子，就派親信找到胡雪巖幫忙填補。儘管二人交情不深，胡雪巖痛快答應。親信十分感動，連聲稱讚胡雪巖「有肝膽」、「夠朋友」，讓他不要客氣，趁麟桂此時還沒禦任，儘管提要求，麟桂一定肯幫忙。

出乎親信意料的是，胡雪巖沒有趁機索取任何回報，只希望麟桂到任之後，把江寧與浙江來往的公款，指定阜康票號代理。這一點要求對於掌管財政大權的藩司來說，不費吹灰之力。麟桂感恩戴德，想方設法為胡雪巖拉存款找業務，胡雪巖財源滾滾。

第四轉折階段：結識左宗棠。

後來太平軍起義，王有齡為國捐軀，胡雪巖又投靠左宗棠。當時左宗棠因為糧餉缺乏而焦頭爛額。胡雪巖為左宗棠提供大量糧米和餉銀，解決燃眉之急，幫助他打敗太平軍，收復杭州。左宗棠十分信任胡雪巖，讓他代表自己籌措錢糧軍械。靠上左宗棠這個大靠山，胡雪巖在政界和商界左右逢源，撈足油水。

作為一位商人，胡雪巖自然把利益放在第一位，不過他實行巧妙的方法，懂得如何用善名換取實利。收復後的杭州一片狼藉，他設立粥廠善堂，救濟百姓，修復名寺古剎，收殮了數十萬具暴骸，恢復了因戰亂而一度終止的牛車，方便了百姓，被百姓稱為胡大善人。

第五登頂階段：財源滾滾。

胡雪巖名聲大振，信譽度也大大提高。這樣，財源滾滾而來也就不在話下了。自清軍攻取浙江後，大小將官將所掠之物不論大小，全數存在胡雪巖的錢莊中。胡以此為資本，從事貿易活動，在各市鎮設立商號，利潤頗豐，短短幾年，家產已超過千萬。

現在的商人都知道要恪守真善，但是要達到什麼樣的高度，都心中沒數，胡雪巖的成功為後人豎起一個可望而不可即的標杆。可以說，你有多高的真善就有多高的成功，你有多高的薄紅就有多高的成功！

那麼，胡雪巖有沒有使用特別不道德的手腕？有，當然有！為拉攏官員，胡雪巖用巧妙的辦法大肆賄賂官員。例如，光緒七年，胡雪巖來到北京，打算疏通戶部尚書及總理各國事務衙門大臣寶鋆。胡雪巖並不認識他，不敢貿然帶著銀票去賄賂，就四處打聽，找到一條門路。他找到一家與權貴熟悉的琉璃廠，委託廠方出面，出高價購買寶鋆家中的一副普通字畫，拿給胡雪巖。胡雪巖再把這幅字畫送給寶鋆。通過這種辦法，胡雪巖巧妙地送了寶鋆萬兩銀子。這樣，寶鋆既獲得實惠，又避免受賄的惡名，十分滿意，在朝廷上大力遊說借洋債的好處，胡雪巖如願以償。

在左宗棠收復新疆的戰爭中，胡雪巖幫了大忙，出面向外國銀行貸款，提供了巨大的糧餉，為國家做出巨大貢獻。可是，他在貸款過程中，又吃回扣，損害國家利益。胡雪巖向洋人借款的利息是八厘，但是他向朝廷報的利息卻高達一分五厘，足以獲得上千萬銀兩。

第六失敗階段：破產喪命。

後來，李鴻章彈劾胡雪巖吃回扣，當時的掌權者慈禧太后嚴令查辦胡雪巖。胡雪巖受到嚴重打擊，不久鬱鬱離世。

清王朝官場腐敗，胡雪巖不得不通過行賄手段來達到商業目的，有幾分被迫成分。當時的國家政權歸於滿族皇室，胡雪巖獲得的非法利息雖然直接來自清王朝，但是最終來自民眾，所以無形之中加大民眾負擔。這種黑手腕是不可取的。

四、東北王張作霖

張作霖充滿了傳奇色彩。他出身綠林土匪，一步一步往上爬，成為東北大軍閥，一度掌管全國政權，搞東北獨立，號稱東北王。張發達的秘訣在於，嫻熟把握厚黑學，把升官發財當做根本目的和長遠目標，一切從實用出發，一方面對有利於自己的人極力拉攏，顯示的非常仁慈老實，例如一度投靠沙俄和日本。一方面對阻礙自己上升的人心狠手辣，或明著消滅，或暗中消滅。

張作霖作為梟雄有積極的一面，促進東北發展，保護百姓利益，面對日本威脅始終不賣國。張作霖的人生路程具有英雄一樣的六個階段。

第一成長階段：不安分青年。

張作霖早年窮困潦倒，嗜好賭博，是個不安分的青年。但是他為人仗義，結交不少朋友。

第二從業階段：組建保安隊。

他還參加過清軍，入朝對日作戰，學習了軍事技術。他退出軍隊後當起獸醫，一次給土匪的馬治病，被誣陷通匪入獄。其岳父幾乎耗盡家產，托人具保才將張作霖救了出來。

有點破罐子破摔，張作霖不顧妻子和岳父的反對，加入了土匪董大虎的團夥。張作霖負責看守綁來的人票。他表現得非常正義，不許手下匪徒侮辱女人，甚至連笑話也禁止，當然更嚴禁打罵。幾個月後，張作霖認為董大虎綁架女人太缺德，多次勸告沒用後，憤然離開匪窩。

張作霖回到趙家廟，成立了保險隊。他十分愛惜部下，慷慨賞賜金錢，可以說揮金如土，贏得部下擁戴。同時，他嚴格約束下屬不得騷擾當地百姓，積極維護社會治安，打擊侵犯的土匪。他很快獲得鄉紳和村民的擁護，名揚四方。但是，為維持保險隊的開支，張作霖採取十分狡詐的策略，率領下屬偷偷到保險區之外的地方勒索大戶人家。可見，張作霖這種保險隊實質上和土匪差不多。因為維護治安頗有成績，張作霖被大鎮八角台商會會長張紫雲邀請去當民團頭目，繼續盡職盡力維護治安。

第三發展階段：投靠政府。

以後，張紫雲把張作霖推薦給新民知府增韞。兩人見面時，厚臉皮的張作霖自稱弟子，稱增韞為老師，磕頭行禮，與增韞談話也表現得文質彬彬。增韞覺得張作霖雖然出身綠林，但不是野蠻的武夫，值得信賴，於是收編他。

張作霖由民團頭目搖身一變，成為國家軍官。這是他人生的一個重大轉折。

張作霖清楚，自己要想發展，必須搞好與知府增韞的關係，因此對他格外友好，見面時禮貌恭敬，對他的命令堅決服從，時不時地贈送錢財來加深感情。同時，張作霖盡職盡責辦事，認真維護城內治安，嚴格約束部下不得騷擾城內居民。他積極剿滅轄區內的大小匪幫，就連數千人的大匪幫田玉本也被消滅，百姓拍手稱快。他還籠絡名士和富商。知府增韞認為張作霖是個難得的人物，提拔重用。

當然，張作霖不僅善於使用正面手段，更加善於使用反面手段。當時新民府的巡警局長叫王奉廷，看不慣張作霖。張作霖也覺得他是自己的政敵，因此暗中施展手腕，經常在知府面前編排他的壞話，王奉廷被迫離開新民。張作霖成為僅次於知府的實權人物。

一九〇四年，日俄戰爭爆發。作為新民軍官的張作霖無法脫離，處於夾縫之中。怎麼辦呢？這時，他不管什麼正義不正義，看準誰的勢力大，誰給自己好處，就投靠誰，有奶就是娘。開始，俄軍強大，張作霖就接受俄軍的金錢和槍械，幫助俄軍打日軍。他曾被日軍俘虜，差點處死。張作霖立即投靠日軍，甚至同日軍簽訂誓約，「立誓援助日本軍」。戰後，張作霖的部隊沒有損失，反而壯大，擴編為三個營。

此後，張作霖又受朝廷派遣，消滅蒙古的悍匪，立下大功，提拔為團長。

第四轉折階段：進軍奉天。

在張作霖的政治生涯中，他於一九一一年機智進入奉天省城，是一個大手筆。

一九一一年十月十日武昌起義爆發。東北革命黨人秘密醞釀起義。東三省總督趙爾巽秘密下令調遣通遼軍官吳俊升到省城加強護衛。張作霖早就盤算到省城發展，提前佈置密探刺探重要消息。密探把總督的密令飛速報告給張作霖。張作霖當機立斷，率領自己下屬軍隊日夜兼程，到達奉天省城。

聰明的張作霖變被動為主動，馬上拜見趙爾巽，裝出一副誠惶誠恐的樣子說：卑職因為局勢緊張，惟恐總督大人有危險，因此迫不及待，率兵勤王。只要我張作霖還有一口氣，願用生命保護大人，至死不渝。如果總督大人認為卑職沒有軍令，擅自行動，卑職甘願接受處罰。

趙爾巽急需軍隊，又看到張作霖一副忠心耿耿，哪裡會處罰，反而給予誇獎，補發調防令，還把另外一支部隊交給他率領。到至此，張作霖擁有省內最強的軍力。

在張作霖的發跡史上，充滿著唯利是圖，見風使舵。看到清朝將要滅亡，張作霖迅即掉頭，向袁世凱寫信表明投靠的心態，喊出「擁護共和」的論調。袁世凱對張作霖既想利用又不放心，時而鼓勵時而壓制，後來僅僅任命他為二十七師中將師長，沒有讓他掌管奉天。而張作霖呢，也不是省油的燈，對於袁世凱也是剛柔並濟，見招拆招。

當袁世凱地位穩固後，就開始削弱張作霖的勢力。他想出了一個明升暗降的好辦法，下令提升張作霖為「庫倫護軍使」，免去他的師長職務。護軍使表面上地位僅次於都督，但實際上是「光桿司令」。

張作霖識破了袁世凱的險惡用心，給袁世凱下屬的陸軍總長段祺瑞發電報公開抗命，指責這次調任是「鳥盡弓藏」的不義舉動。張作霖還鼓動奉天的士紳工商紛紛在報紙上發表聲明挽留張作霖，有的還直接給袁世凱寫信。袁世凱尷尬無比，只好收回調令，讓張作霖擔任原來職務。

第五登頂階段：獨霸東北。

張作霖非常清楚，拳頭硬了說話才有分量。因此，他積極擴充自己軍隊實力，翅膀漸漸硬了起來，控制了奉天的軍事實權，逼迫當時的東北最高長官張錫鑾屈服。張錫鑾雖然名義上是上級，但是不得不放下架子，事事找張作霖商量著辦。甚至連奉天省的官員任免，張錫鑾都要徵求張作霖的意見，不敢自作主張。最後，倍感窩囊的張錫鑾不得不離開東北。袁世凱派段芝貴接管東北。張作霖想方設法排擠他，一直尋找時機。

袁世凱稱帝後，受到全國討伐，十分難受。張作霖感到這是趕走段芝貴的大好時機。他拉攏痛恨段芝貴的二十八師師長馮德麟，鼓吹奉人治奉，聯手策劃一個陰謀，並且誘使馮德麟扮黑臉，自己扮紅臉。

一天，二十八師軍隊向奉天進發，朝天鳴槍。張作霖向段芝貴報告，二十八師反對他擁護帝制，自己已經派二十七師抵抗。不久，張作霖再向段芝貴報告，自己的二十七師擋不住了，建議他離開奉天。段芝貴為保住性命，只好同意。張作霖假惺惺愛護段芝貴，臨走給他大量錢財，派兵護送，感動地段芝貴差點哭了。張作霖背後又告訴馮德麟關於段芝貴的逃跑路線，馮德麟派兵截下段芝貴的錢財。

到北平後，段芝貴向袁世凱哭訴遭遇，痛罵馮德麟，但讚賞張作霖。這時，張作霖暗中拉攏的謀士向袁世凱建議，提拔張作霖為奉天省都督，袁世凱就同意了。一個多月以後，袁世凱病死。趁著全國局勢動盪，張作霖直接派兵攻打東三省其他地盤，最終獨霸東北，成為東北大帥。

張作霖知道，要想升官，自己必須有更多人擁護，除去對付好上級之外，管理下級也很重用。他對待下級總是知人善用。

張作霖治家嚴謹，給家裡人定下不少規矩。他的小舅子仗著大帥的名氣，在外面胡作非為，一天晚上閑來無事，居然把路燈當靶子全部打碎，市政局的官員敢怒不敢言。張作霖知道此事後，親自把小舅子槍斃。張作霖對家人解釋：你們在家犯錯，丟的是我張作霖的臉，我不會責怪。但是在外面搞破壞，壞的是奉天城的風氣，我絕不寬恕。通過這件事，大帥府裡的人更加規矩做事，奉天城的百姓更加擁護張作霖。

有一次，張作霖穿著便裝轉悠，聽見幾個百姓痛罵第三旅的士兵搶奪錢財。第三旅的旅長正是張作霖自己的寶貝兒子張學良。回家以後，張作霖見到張學良就痛斥一番，破口大罵，足足半個小時，嚇得張學良低頭不語。罵完還不算完事，張作霖把張學良關禁閉三天，禁止別人探望。事情一傳出去，全軍震撼了，就連少帥都被嚴懲，小兵子誰敢再違法，奉天城的風氣變好不少。

第六失敗階段：被炸身亡。

張作霖依靠東北軍，進入關內，一度把持中央政權，隨後失敗，帶兵退回東北，宣佈東北獨立，悍然分裂國家。

張作霖對日本的態度有迎合的一面，但主要還是獨立，堅持不賣國，抗擊日本人侵佔東三省，最後被日本人在皇姑屯炸死，一代梟雄結束其傳奇的一生。

五、大幫主杜月笙

杜月笙是民國時代上海灘上最富有傳奇性的一個人物。他從一個小癟三混進十裡洋場，成為上海最大的黑幫幫主，闖下「三百年幫會第一人」、「上海皇帝」的稱號。

杜月笙身上有很多污點，但是，他也並非漆黑一團，也有一些正義舉動，顯得又白又紅。他心狠手辣，殺人如麻，卻文質彬彬，很講義氣；他依靠販賣鴉片暴富，又舉辦一些慈善事業；他植根於黑道，又投身當時官道，結交名士；他為虎作倀，卻又有著鮮明的愛國心，在抗日戰爭中做出一定貢獻，總之兼具英雄和奸雄於一身，屬於梟雄。

第一成長階段：淒慘童年。

一八八八年，杜月笙出生於上海附近的農民家庭，父母早逝。他由舅父養大，生活十分貧苦。

第二從業階段：小癟三。

十四歲，他到上海一家水果行當學徒。杜月笙不務正業，經常和流氓歹徒混在一起偷蒙拐騙，最後被老闆開除。

無賴杜月笙還有個優點，就是對同夥特別豪爽講義氣。與其他黑社會成員的講義氣不同，杜月笙的義氣講究得極端徹底和自然，似乎把對方看得比自己還重要。例如，碰到哥們沒錢吃飯，只要他手頭還有兩個銀角子，會毫不猶豫地全部給人家，爽快地說：你拿去吃飯吧，以後有錢了來救我！杜月笙決不告訴對方他只剩下這最後兩個，以免對方不好意思拿，結果他自己往往挨餓一天。正是憑藉這種超常的講義氣，杜月笙受到同夥的擁戴，越來越混得開。

杜月笙還特別聰明，善於出鬼點子。他的拿手好戲就是，找到一家新開業的商店，乘著黑夜去摘牌子，第二天再去「做好人」，宣稱撿到牌子，還給失主。對方只好拿出錢來打發。他還有個把戲是，糾集幾個兄弟在店家門口，裝出一副火拼的樣子來打鬧，尤其是手裡還拎著屎尿袋子互相扔，當然不能對準自己人，經常扔到店鋪前面甚至裡面，逼得店家拿錢消災，請兄弟們到別處決鬥。

依靠著超常仗義和聰明，杜月笙很快成為當地無賴中的「紅人」，頗有名氣。

第三發展階段：進入黃公館。

憑藉在無賴中的好名氣，杜月笙拜青幫一位長輩陳世昌為師父。

一九一二年，經過陳世昌的推薦，杜月笙獲得機會進入黃金榮公館。黃金榮此時為青幫上海龍頭，任法租界華探頭目。杜月笙在黃府一直小心做人，專心做事。黃金龍妻子林桂生得病，他全力服侍，數日衣不解帶，隨時候在榻前，此舉深深打動了林桂生。

第四轉折階段：獲得黃金榮賞識。

一次意外事件，讓杜月笙脫穎而出。一天，黃金榮不在家，一名門徒半路拐跑一麻袋鴉片。此時，能打的武將全部外出，林桂生一時束手無策。杜月笙自告奮勇站出來，決定單槍出馬。

杜月笙聰明地分析，首先，小偷肯定不敢進法租界，因為那是黃金榮的地盤。而入夜之後，上海城的城門已經落鎖，他也進不去。那麼，能走的路只剩一條，就是去英租界。他果然在那裡截住小偷。

文弱的杜月笙居然立下如此大功，不禁讓林桂生刮目相看，決定進一步考驗他。她帶杜月笙去賭場，贏回兩千多塊大洋，全歸給了他。兩千大洋，在當時的上海，足以買下一套豪宅。林桂生就是想看看，杜月笙怎麼花錢。如果是買房置地，可靠，但不可大用。如果是吃喝嫖賭，那就既不可靠也不可用了。結果，杜月笙用這筆錢還清了早年的欠債，其餘的，大都散給了從前一起混街頭的朋友。這讓林桂生又一次刮目相看：此人辦事牢靠，不貪財，會花錢，敢交朋友，可大用。

經林桂生隆重推薦，杜月笙得以進入黃家軍核心圈。黃金榮讓他負責經營法租界的賭場「公興俱樂部」。

第五登頂階段：上海三大亨之首。

杜月笙後來獨當一面，販賣鴉片，經營賭場，進而投資金融工商業，幾年後就地位飆升，成為青幫的大首領。

關於上海三大亨流傳一個說法：黃金榮貪財，杜月笙會做人，張嘯林善打。比起黃、張來，杜月笙為人處世的手法確實高明。他不僅善於協調黑社會內部各派勢力之間的關係，而且善於結交白社會上各種有力量的人物，包括前清官員、現在政客、企業家、文化名人。結交方法多種多樣，有的面談聚餐，有的結拜為把兄弟，有的收為門生弟子，有的給予金錢幫助，有的養為食客，每月發給薪水。國民黨高層如孔祥熙、宋子文、戴笠等，都成為杜月笙的密友。

令人驚奇的是，成名後的杜月笙注重改善自己的社交形象，「由黑漂白」。傳統流氓都是一副身著短衣、手戴戒指、卷袖開懷的打扮，而杜月笙拋棄這種形象，改為文人形象，四季穿長衫，再熱的天就連上面第一顆紐扣也不解開。他還下令禁止那些赤膊袒胸的徒眾出入自己家門。另外，杜月笙的言談舉止都很斯文，不像普通黑幫成員那樣張牙舞爪。他勤練書法，簽名相當漂亮。這種文明的形象有助於他交往上流人物。

對於普通百姓，杜月笙也會給予幫助，收買人心。例如，他持續多年購買一種預防傳染病的藥水，送到家鄉免費發放；碰到上海及周圍地區發生災害，他會組織賑濟活動；他有時站在工人一面，出面調解勞資糾紛。

經過多年經營，杜月笙編織起一張覆蓋政界、工商金融界的龐大關係網，再加上以法租界和青幫做靠山，在上海灘可謂縱橫捭闔。

一九二五年，黃金榮被拘押，威信大跌，雄心受挫，三人座位改變。

一九二五年七月，杜月笙成立「三鑫公司」，壟斷法租界鴉片提運。

一九二七年四月，杜月笙與黃金榮、張嘯林組織中華共進會，為蔣介石賣命，大肆屠殺革命者。南京政府成立後，他擔任陸海空總司令部顧問等虛銜，大幅度提高了社會地位。

第六保持階段：參與抗戰。

在抗日戰爭中，杜月笙也做過很多好事，如籌集物資、建立醫院、暗殺漢奸等，獲得社會各界的讚賞。淞滬抗戰時，杜月笙收容、安置了大量難民，將一批批學生和市民通過自己的門徒送往大後方。他還組織自己門生成立軍隊，直接抗戰。

上海淪陷後，響應蔣介石號召，杜月笙率先指令自己的幾艘輪船行駛至江面鑿沉，阻塞長江航道，遲滯了日軍的進攻。一九四〇年，杜月笙在國民黨支持下，聯合中國各幫會，組織人民行動委員會，擔任負責人，由此成為中國幫會的總龍頭。

一九五一年，杜月笙死於香港。死前，銷毀別人向他的借債，令人驚歎其仗義豪爽。

縱覽他的一生，投身黑道，用黑道的錢來做白道的事，收買白道的人，最後儼然成為一個正人君子，確實令人目瞪口呆，簡直分不清他是哪路人物！

國家圖書館出版品預行編目資料

薄紅硬學一英雄應對厚黑學說不 / 劉尚東著.
-- 初版. -- 臺北市 : 博客思, 2019.1
面； 公分
ISBN 978-986-96710-6-4(平裝)
1. 職場成功法　2. 人際關係

494.35　　　107016170

心理研究 3

薄紅硬學一英雄應對厚黑學說不

作　　者：劉尚東
編　　輯：塗語嫻、陳勁宏
美　　編：塗語嫻
封面設計：塗宇樵
出 版 者：博客思出版事業網
發　　行：博客思出版事業網
地　　址：台北市中正區重慶南路 1 段 121 號 8 樓之 14
電　　話：(02)2331-1675 或 (02)2331-1691
傳　　真：(02)2382-6225
E—MAIL：books5w@yahoo.com.tw 或 books5w@gmail.com
網路書店：http://bookstv.com.tw/
http://store.pchome.com.tw/yesbooks/
博客來網路書店、 博客思網路書店
三民書局、 金石堂書店
總 經 銷：聯合發行股份有限公司
電　　話：(02) 2917-8022　　傳 真：(02) 2915-7212
劃撥戶名：蘭臺出版社　帳號：18995335
香港代理：香港聯合零售有限公司
地　　址：香港新界大蒲汀麗路 36 號中華商務印刷大樓
C&C Building, 36,Ting, Lai, Road, Tai,Po, New,Territories
電　　話：(852)2150-2100　　傳真：(852)2356-0735
經　　銷：廈門外圖集團有限公司
地　　址：廈門市湖里區悅華路 8 號 4 樓
電　　話：86-592-2230177　　傳 真：86-592-5365089
出版日期：2019 年 1 月 初版
定　　價：新臺幣 280 元整（平裝）
ISBN：978-986-96710-6-4